**Mr. Know All**
从这里,发现更宽广的世界……

Mr. Know All
小书虫读科学

Mr. Know All

十万个为什么
为什么南极比北极冷

《指尖上的探索》编委会 组织编写

小书虫读科学
THE BIG BOOK OF
TELL ME WHY

作家出版社

策划出品 悦读名品　**图片服务** 悦读名品 123RF

为什么南极比北极冷？地球的南北极有着怎样的风光？那里是否和我们居住的地方一样，有山、有水、人来人往？那里是一马平川、温和宜人的动物天堂，还是崎岖不堪、滴水成冰的人间地狱？南北极的气候和生态系统有哪些神奇之处？南北极是大自然的恩赐，还是被遗忘的角落？本书图文并茂地对南北极进行了全面、系统的介绍。让我们一起来了解真实而又神奇的南北极，看看有怎样神奇的发现。

图书在版编目（CIP）数据

为什么南极比北极冷 /《指尖上的探索》编委会编. --
北京：作家出版社，2015.11
　（小书虫读科学．十万个为什么）
　ISBN 978-7-5063-8512-1

Ⅰ.①为… Ⅱ.①指… Ⅲ.①南极—青少年读物②北极—青少年读物
Ⅳ.① P941.6-49

中国版本图书馆CIP数据核字（2015）第278972号

为什么南极比北极冷

作　　者	《指尖上的探索》编委会
责任编辑	王　炘
装帧设计	北京高高国际文化传媒
出版发行	作家出版社
社　　址	北京农展馆南里10号　邮　编 100125
电话传真	86-10-65930756（出版发行部）
	86-10-65004079（总编室）
	86-10-65015116（邮购部）
E-mail:zuojia@zuojia.net.cn	
http://www.haozuojia.com（作家在线）	
印　　刷	北京时捷印刷有限公司
成品尺寸	163×210
字　　数	170千
印　　张	10.5
版　　次	2016年1月第1版
印　　次	2016年1月第1次印刷
ISBN 978-7-5063-8512-1	
定　　价	29.80元

作家版图书　版权所有　侵权必究
作家版图书　印装错误可随时退换

Mr. Know All
指尖上的探索 编委会

编委会顾问
戚发轫　国际宇航科学院院士　中国工程院院士
刘嘉麒　中国科学院院士　中国科普作家协会理事长
朱永新　中国教育学会副会长
俸培宗　中国出版协会科技出版工作委员会主任

编委会主任
胡志强　中国科学院大学博士生导师

编委会委员（以姓氏笔画为序）

王小东	北方交通大学附属小学	张良驯	中国青少年研究中心
王开东	张家港外国语学校	张培华	北京市东城区史家胡同小学
王思锦	北京市海淀区教育研修中心	林秋雁	中国科学院大学
王素英	北京市朝阳区教育研修中心	周伟斌	化学工业出版社
石顺科	中国科普作家协会	赵文喆	北京师范大学实验小学
史建华	北京市少年宫	赵立新	中国科普研究所
吕惠民	宋庆龄基金会	骆桂明	中国图书馆学会中小学图书馆委员会
刘　兵	清华大学	袁卫星	江苏省苏州市教师发展中心
刘兴诗	中国科普作家协会	贾　欣	北京市教育科学研究院
刘育新	科技日报社	徐　岩	北京市东城区府学胡同小学
李玉先	教育部教育装备研究与发展中心	高晓颖	北京市顺义区教育研修中心
吴　岩	北京师范大学	覃祖军	北京教育网络和信息中心
张文虎	化学工业出版社	路虹剑	北京市东城区教育研修中心

目录 Contents

第一章 神奇的南极与北极

1. 什么是南极 /2
2. 什么是北极 /3
3. 南极有哪些陆地 /4
4. 北极有哪些陆地 /5
5. 南极有哪些海洋 /6
6. 北极有哪些海洋 /7
7. 南极有山脉吗 /8
8. 北极有山脉吗 /9
9. 南极有火山吗 /10
10. 北极有火山吗 /11
11. 南极的冰山长什么样 /12
12. 北极的冰川是什么样的 /14
13. 南极大陆上有河流吗 /16
14. 北极大陆上有河流吗 /17
15. 北极有哪些岛屿 /18
16. 什么是南极冰盖 /19
17. 南极冰盖是怎么形成的 /20
18. 什么是冰芯 /21
19. 南极有地下湖吗 /22
20. 什么是南极陨石 /23

21. 南极地质是怎么样的 / 24
22. 南极的无冰区在哪里 / 25
23. 南极有哪些矿产 / 26
24. 北极有哪些矿产 / 27
25. 南极有哪些地貌 / 28
26. 南极有土壤吗 / 29
27. 南极大陆为什么不会发生地震 / 30
28. 南极地势如何 / 31
29. 什么是极光 / 32
30. 北极光会"说话"吗 / 33
31. 什么是极昼 / 34
32. 什么是极夜 / 35
33. 南极有四季吗 / 36
34. 北极有四季吗 / 37

第二章 神奇的南北极气候

35. 为什么南极比北极冷 / 40
36. 为什么南极被称为"白色沙漠" / 41
37. 为什么南极被称为"风暴王国" / 42
38. 什么是雪冰 / 43
39. 雪冰有什么作用 / 44

40. 什么是蓝冰 / 45
41. 南极地区的气候是什么样的 / 46
42. 冰盖有什么作用 / 47
43. 太阳为何不能高挂在北极上空 / 48
44. 世界冷极是什么 / 49
45. 北极有风暴吗 / 50
46. 北极的降水情况怎么样 / 51
47. 北极对全球气候有什么影响 / 52
48. 为什么说北冰洋是全球气候变化的"启动器" / 53
49. 为什么北极最冷的地方不在极点 / 54
50. 洋流对极地气候有什么影响 / 55
51. 北极海冰为什么不固定 / 56
52. 我们为什么要担心南北极上空的臭氧层空洞 / 57
53. 全球气候变暖对极地气候有什么影响 / 58
54. 南极冰为什么会"唱歌" / 59

55. 乳白天空为何被称"死亡天气" / 60
56. 斯瓦尔巴群岛为什么生机勃勃 / 61

第三章　神奇的南北极生态系统

57. 南极生物的生存环境如何 / 64
58. 南极有开花植物吗 / 65
59. 北极有哪些植物 / 66
60. 南极生物有什么特殊之处 / 67
61. 南极有哪些种类的企鹅 / 68
62. 企鹅怎样在南极生存 / 69
63. 企鹅也有"幼儿园"吗 / 70
64. 北极熊如何生存 / 72
65. 极地海豹怎么生存 / 74
66. 南极海洋里有些什么生命 / 75
67. 北极有哪些动物 / 76
68. 圣诞老人的专属"司机"在现实中是什么样的 / 77
69. 南极地区有昆虫吗 / 78
70. 为何在北极看不到企鹅 / 79
71. 极地鳕鱼抗冻有何"妙招" / 80
72. 极地地衣有什么特点 / 81
73. 海鸟在极地如何生存 / 82

74. 鲸鱼能在极地存活吗 / 83

75. 什么是北极苔原 / 84

76. 磷虾怎样在南极存活 / 85

77. 南极极端环境下，生命的毅力达到何种地步 / 86

78. 海豹猎捕企鹅为什么要提防虎鲸 / 88

79. 冰藻是如何生存的 / 89

80. 南极为什么禁狗 / 90

81. 南极"不冻湖"和外星人有关吗 / 91

第四章 人类在南北极的神奇活动

82. 第一个证实北极是海洋的人是谁 / 94

83. 第一个走向南极的人是谁 / 95

84. 征服北极点的人是谁 / 96

85. 征服南极点的人是谁 / 97

86. 向南极点的征程中，斯科特为何落后 / 98

87. 南极有哪些类型的科学考察站 / 99

88. 谁先"飞越"了北极点 / 100

89. 第一个横穿南极的中国人是谁 / 101

90. "新新人类"怎样在北极点生存 / 102

91. 爱斯基摩人住在南极还是北极 / 103

92. 爱斯基摩人怎样生活 / 104

93. 谁开启了"最北城市" / 105
94. 第一个只身到达北极点的人是谁 / 106
95. 极地探险队员穿什么 / 107
96. 人类在极地严寒中面临哪些危险 / 108
97. 罗斯发现了什么 / 109
98. 沙克尔顿为何一直失败 / 110
99. 南极现状如何 / 111

互动问答 /113

地球的南北极有着什么样的风光？那里是否和我们居住的地方一样，有山、有水、人来人往？它是一马平川、温和宜人的动物天堂，还是崎岖不堪、滴水成冰的人间地狱？它是大自然的恩赐，还是被上帝遗忘的角落？让我们一起来了解真实的南北极。

第一章 神奇的南极与北极

1. 什么是南极

南极不是一个坐上火车或飞机就能轻易到达的地方。地理课上，老师也曾指着蔚蓝的地球仪告诉我们南极的位置，爸爸妈妈也曾描述过南极的模样，而这些只言片语的介绍让我们对这片未知领域的感知依旧模糊。什么是南极呢？南极有什么可以让我们感知的事物呢？

南极其实就是我们居住的地球的最南端。国际上通常认为，南极是指南极圈纬度66度34分以南的区域，具体包括南冰洋及其环绕的南极大陆和众多岛屿，总面积约为6500万平方千米。南极大陆的形状极富趣味性，它就像一头甩动着南极半岛这条长鼻子的大象。分散在四周的岛屿如同大象脚下不起眼的小沙粒。

南极几乎是继沙漠之后又一不毛之地的代名词，陆地上偶尔才能见到地衣、苔藓等低等植物，海洋里的生机也被掩盖在层层冰下。这里的大地与天空一色，乳白的世界在冰原气候下一成不变，生机蕴藏在细节中。

瞧，这就是南极，是地球最南端的一块区域，这里滴水成冰，几乎寸草不生。这里覆盖着厚厚的冰雪，闪耀着美丽的光芒。

2. 什么是北极

与南极相对，北极在地球的另一端。北极是与南极一样的冰天雪地，还是与火焰山一样的滚滚火海？显然，寒冷是南北极共有的招牌脾气。

北极海洋多而陆地少，中间为海洋，周围是陆地。北极的领域主要是以北冰洋为主北极圈以内的所有区域。北极大陆包括欧亚、北美大陆的北部，岛屿有冰岛、格陵兰岛等，总面积为2100万平方千米。俯视状态下，北极的中心是冰封的北冰洋，极圈外围圈到了一些岛屿和一小部分陆地，其形状分布就像瘦弱的母鸡带着小鸡们在觅食。

冬季，北冰洋完全处于冰封状态，太阳离开北极的上空，万物沉睡。到了夏季，阳光回归并持续照耀，气温回升，北冰洋边缘开始融化，植物生长开花，动物从睡梦中醒来觅食，季节性动物到达这片地域生活。

自北极形成的千百万年以来，海水和生命不停地律动，甚至固态的海冰也会随着水文气象条件的变化不停地变动。这些都是神奇的大自然赋予北极的特点。

3. 南极有哪些陆地

你知道为什么南极大陆是最晚被发现的吗？首先是因为它距离我们生活的地方很远——地球的最南端，纬度又最高，还被印度洋、大西洋、太平洋紧紧地拥抱着。其次，南极地区特别冷，大部分陆地都被冰覆盖着。但是这看似不可能到达的地方，最终还是被人类发现了。

坐落在南极的这大片陆地理所当然地被称为南极大陆，它像一头大象。这片白色大陆总面积约1239万平方千米，在世界上排名第五，比中国的陆地面积还要大很多。当然，环绕在它周围的还有许许多多小块陆地——岛屿，面积约为7.6万平方千米，它们在地图上显得那么小，有的甚至无法看清。南极大陆和这些岛屿被统称为南极洲。

南极大陆和岛屿们一起构成了美丽的陆上世界，气候促使流动的水成就别样的冰上世界，使得动物不仅可以在水里活动，还可以像我们一样在陆地上玩耍。

4. 北极有哪些陆地

人类总是对未知充满好奇,经过几代人的辛勤探索,一步一步走近北极,人类终于逐步揭开了北极的神秘面纱,北极的陆地也一点点展现出它诱人的身姿。

北极的中心位于北冰洋,厚厚的冰层下冰凉的海水拒绝了陆地的介入。而这并不是北极的全部,它还包括极圈以内的所有区域,大片的陆地被分割,岛屿显得那么零碎,像是被揉碎的面包屑。

具体来说,北极的陆地包括亚洲、欧洲、北美洲的部分地区,以及格陵兰岛的大部、维多利亚岛、帕里群岛、巴芬岛、冰岛等,总面积约为800万平方千米。陆地和岛屿上覆盖着茫茫冰盖,站在北极的陆地上,仿佛置身于一个只有蓝色和白色的纯洁世界,像童话和梦一样美好的世界。实际上,由于冰雪自身的重量,北极陆地冰盖正一步一步地靠近海岸线。

南极的海洋

5. 南极有哪些海洋

你知道海洋是如何划分的吗？其实很简单，我们可以将海洋分为海、洋、海湾、海峡。洋是海洋的主体部分，主要指四大洋。海是海洋的附属部分，位于海洋边缘。海湾是深入大陆并逐渐减小的水域。而海峡是连接海洋的狭窄水道。南极三个大洋的辖属范围里，有哪些海洋和陆地边缘海？

环绕在南极大陆周围的海都有属于它们的名字，就像我们每个人一样，都是这个世界上独一无二的一部分，同时也为我们分辨它们提供了条件。罗斯海、阿蒙森海、别林斯高晋海都位于太平洋的边缘，威德尔海则位于大西洋。神奇的是，在南极半岛的尾部，也就是大象的鼻尖处还藏着一个海峡，名字叫作德雷克海峡。罗斯海的旁边还霸道地占有一个鲸湾呢！

当然，这些海都是冷得让人不能游泳的哦，如果你在这里不想变成冰棍的话，就裹紧你的衣服吧！

6. 北极有哪些海洋

俯瞰无边无际的北极海域，我们不难发现北极的海洋很多，当然是比有着大片陆地的南极要多。北极是由四大洋中的北冰洋全权掌控，北冰洋的势力范围延伸到北极海域的每一个角落。

有一个海是一位伟大的探险家在去北极探险的路上发现的，他曾五次率领探险队抵达这片海域，为了纪念这位名叫巴伦支的荷兰人，人们把这片他曾经拥抱也是埋葬他的海洋命名为巴伦支海。

巴伦支海、波弗特海、楚科奇海、东西伯利亚海、格陵兰海、喀拉海、拉普捷夫海和白海等均是北冰洋的边缘海，而同在北极的林肯海则是国际海道组织根据航海需要划定的海域。我们知道北极是个特别冷的地方，所以这些海多数都以冰的面貌示人，但是即使是这样，冰层下面生命依旧存在。这便是生命的魅力所在——不管条件多么恶劣，生命总会冲破它，傲然挺立。

由于这茫茫海洋的阻挠，北极之旅大部分的时间只能待在游轮上，只能看到不能触摸的旅行也不那么尽善尽美了。

北极的海洋

7. 南极有山脉吗

地球上陆地的地形各有不同,可以分为平原、山地、高原、盆地和丘陵,而山地就是各种山脉分布的地区。

南极地区是一个不甘于平庸的地方,各种奇特雄伟的景观暴露了它内心真实的自我。南极的山脉更像是个调皮的小孩。

南极大陆最主要的山脉是横贯南极山脉,它把南极大陆分成了两半。而南极最高峰——文森峰位于埃尔斯沃思山脉之上。此外,还有毛德皇后山脉,它是由挪威探险家阿蒙森发现并以当时的挪威皇后之名命名的。很明显,查尔斯王子山脉是由查尔斯王子而得名的。南极是世界上最冷的地方,常年的寒冷和暴风雪造就了属于它自己的大自然奇观——冰山。

瞧,南极的山脉就是这么与众不同!但也是这种活力给了我们不一样的享受。

8. 北极有山脉吗

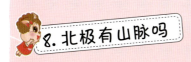

南极的山脉如此与众不同，而北极的山脉就有些显得单薄且让人失望了。北极的中心不像南极有着大片陆地，它的腹地也只有零零星星的岛屿和两块大陆的一点边缘。这么狭小的区域，只留给山脉存在的微小概率。那么，北极的山脉都躲到哪里去了呢？

北冰洋中的岛屿大多是在全球气候变暖、冰雪消融、海面升高、大陆边缘的低凹部分被淹没时才会露出神秘的面貌，这时没有被淹没的那些高地、山峰就变成了岛屿。没有了高与低的区别，便没有了山脉。不过，在北极地区的边缘，有两个山脉遥遥望向北极点。

其中之一名为楚科奇山脉，和它旁边的楚科奇海同名，而且位于楚科奇半岛上，好像北冰洋想要吃了它，它要拼命地逃离，结果还是没有逃掉。

另一个山脉名为斯堪的纳维亚山脉，位于斯堪的纳维亚半岛上，但它并不完全在北极地区，它在逃离北冰洋"魔掌"的途中遇到了阻碍，一部分被迫留在了北极。

9. 南极有火山吗

你知道什么是火山吗？让我来告诉你吧！火山是指地壳之下100～150千米处储存着的岩浆喷发出来堆积而成的山状物体。火山是一把双刃剑，一方面，它破坏环境，造成碎屑污染；另一方面，它不仅给地球增加了资源、给土地带来了生机，而且形成自然界鬼斧神工的奇观。那么，南极冰冷的土地上会有火山这样火热的存在吗？答案是肯定的。

南极地区存在着两座火山，它们一起带给这片冰冷的区域一丝温热。其中的埃里伯斯火山位于罗斯岛，是由探险家罗斯发现并以他的一艘船的名字来命名的。埃里伯斯火山的火山口徐徐地喷出热气，在南极寒冷的作用下形成了冰洞，冰洞中又悬挂着不间断升腾的蒸汽瞬间结成的冰花。火山口100多米处还静静地躺着一处永久性的熔岩湖。而另一座火山有一个幽默的名字，叫作欺骗岛火山。欺骗岛是由几个渔民在雾中发现的，可能海水一涨，它又藏起来了，欺骗了淳朴的渔民，所以大家都叫它欺骗岛。欺骗岛在南极半岛的西北端，是由一片黑色火山岩形成的岛屿。欺骗岛火山最近的一次喷发是在1967年12月4日，强烈的爆发力把三个距离它比较近的科学考察站瞬间摧毁。企鹅等动物提前撤离，才幸免于难。

你相信在南极可以泡温泉吗？在欺骗岛，我们可以徜徉在极地海洋的怀抱里，尽享大自然的馈赠。

10. 北极有火山吗

火山可以分为活火山、死火山和休眠火山三类，活火山是指那些仍旧不断喷发的火山，聪明的你可以猜到死火山是什么样的吧！没错，死火山就是不再喷发的火山，而休眠火山是指在沉睡不知道什么时候会爆发的火山。北极会有火山吗？

北极范围内的冰岛素有"火山岛""冰火之国"之称。在冰岛约10万平方千米的国土上，冰川面积达到8000平方千米，却矗立着大大小小约130座火山。在冰岛人类居住史上，已有18座火山先后喷发。其中最著名的便是在2010年3月20日喷发的艾雅法拉火山。艾雅法拉火山高约1666米，积攒了190多年的巨大爆发力在冰岛形成了一条长达500米的裂缝。华纳达尔斯赫努克火山是冰岛最高的火山，高约2119米。冰岛可以说是一个建立在火山岩上的国家。得益于火山活动，在冰岛还形成了一个约2.1平方千米的小岛。

由于火山，冰岛的地热资源非常丰富，温泉广布成就了不一样的冰岛。这里有蔚为壮观的瀑布，这里有畅通无阻的河流，这里的风光似乎和冰岛这个名字不那么相符。

11. 南极的冰山长什么样

相信你一定见过冰块，晶莹剔透，像水晶一样漂亮。南极的冰山就是由这样的冰块一块一块堆积成的。这样的冰山不只是晶莹美丽，而且非常雄伟壮观。

南极的冰山让人觉得是天赐之物，见过它的人无不感叹大自然的神奇。在太阳光的照射下，反射、折射、散射等光学作用锦上添花，使冰山光彩照人，美丽夺目。科学探险家根据它们大小和形状的不同，把它们分为巨台型、台型、圆顶型、倾斜型和破碎型五种类型。南极冰山的平均寿命为13年，这一周期中，老的冰山会逐渐消融，新的冰山再度崛起经历新一轮的转换更替。

冰山是南极冰盖向海洋输送淡水的途径，占有世界70%淡水资源的南极，作用举足轻重。近年来，南极冰山处在不停的运动中，其移动是洋流和风力共同作用的结果。人类对于冰山的研究也在一步一步地进行，一点一点地深入。

世界上没有十全十美的事物。对人类来说，冰山虽然美丽，但也有其有害之处。一方面，南极冰山是南极探索的阻碍，轮船航行时最害怕遇见它，因为稍有不慎就会粉身碎骨。另一方面，冰山在全球变暖的条件下不断融化，使得海平面不断上升，沿海的国家或者城市将随着海平面的不断上升而逐渐被淹没在海水之下。大家熟悉的水城威尼斯，还有印度洋中的度假天堂马尔代夫就面临着未来被海洋吞没的危境。

12. 北极的冰川是什么样的

大家都看过《冰川时代》系列动画片吧,除了鲜明的动物形象,大家一定也为电影里童话世界般的冰川场景叹为观止吧!

冰川是由大量冰块组成的地理景观,并且只在陆地上产生、消亡。海洋里的冰称为海冰,而非冰川。冰川是凝固的淡水,其储水量仅仅屈居海洋之下!

北极的冰川是冰河世纪留下来的。冰川的形成特别复杂,由普通的降雪变成冰川一般需要数年甚至数千年的时间。在极地蓝天白云的映照下,冰川呈现出千奇百怪的姿态,傲然俯视着极地上的一切。科学家们并没有根据形状给它们分类,只是根据它们的分布情况将其划分为大陆冰川和山岳冰川两类。北极的冰川主要集中在格陵兰岛,其85%的地域覆盖着茫茫的冰川。北极冰川冰的寿命仅3~4年,仅是南极冰川寿命的四分之一。

格陵兰岛盛产"万年冰",这种冰纯度很高,如果能在炎热的夏季喝上一口,真是美哉!格陵兰岛冰原地势崎岖,以前没有人能够穿越,1888年,伟大的挪威探险家南森利用雪橇穿越了格陵兰岛冰原。

除去视觉的美丽享受,冰川带给我们的,还有来自大自然的亲切问候。置身这样一个世界,仰视这一世界的洁白,倾听自我心灵的呼唤,定是一种美妙的体验。

13. 南极大陆上有河流吗

要想知道南极的陆地上有没有河流存在,那么必须先知道形成河流的必要条件。河流是怎样形成的呢?

首先,形成河流的首要条件就是水,河流的水一般来自降水、地下水和高山融水。其次便是地势,河流一般自然形成在山脉一带,称自然河;也有我们人工挖的狭长水道称为人工河。河流的源头通常在山脉,沿地势从高向低流。

由此,我们来分析一下南极有没有河流。我们知道,南极是世界上最冷的地方,最低温度达零下89.2摄氏度,来自天空的降水还没来得及到达南极上空就已经变成了雪,而地下水还没来到地面就会被冻成冰,南极的冰雪不轻易融化,河流的这些来源全都被寒冷切断了。那么唯一可以形成河流的地区便是火山附近了,因为那里温度高,可是火山附近只有破土而出涌现的温泉,因为不能流淌,所以不能形成河流。

14. 北极大陆上有河流吗

对于河流来说,北极是不适合"安营扎寨"的,但少数河流出现在北极的领域里。那么为什么北极会有河流存在呢?在北极领域里的都是哪些河流呢?让我们来一探究竟。

北极的陆地主要在边缘地带,而南极的陆地在中心,这样说来北极要比南极暖和一些,这就给了北极河流更多存在的机会。

属于北极的欧亚大陆上就有河流的身影,这些河流主要在俄罗斯和加拿大。其中的勒拿河是俄罗斯的主要河流,同样是世界十大河流之一。它流往北冰洋拉普捷夫海滨的三角洲河口。而鄂毕河和叶尼塞河流入北冰洋的喀拉海。加拿大的马更些河则流往北冰洋的波弗特海。这四条河流最终都汇入北冰洋,当然它们并不全在北极地区,只有下游在北极徜徉。

北极的河流在暖季的时候自由自在地流淌,到了寒季便似乎进入了冬眠,河面一片沉寂。它们沉睡的时间多于活动的时间。

15. 北极有哪些岛屿

想象一下，一片眼所能及的陆地，四周是茫茫的蓝色海洋，有和煦的阳光、温暖的海风，而你躺在小岛上静静享受这一切，该是多么美。在北极茫茫的海洋里，岛屿成群结队地在其中玩耍。北极都有哪些岛屿呢？

格陵兰岛是世界上最大的岛屿，它大部分在北极境内。冰岛也喜欢蹭上北极的领土。全部都在北极地区的岛屿有加拿大第一大岛巴芬岛、"美丽花园"维多利亚岛、世界第十大岛埃尔斯米尔岛和挪威火山岛扬马延岛。除了形单影只的单个岛屿外，北极还有喜欢热闹聚居的群岛。群岛就是群集的岛屿。北极的群岛有帕里群岛、斯瓦尔巴群岛、新西伯利亚群岛、法兰士约瑟夫地群岛、俄罗斯的新地群岛和北地群岛。还有一种一半是岛屿，一半连接陆地上的半岛，也能在北极找到。北极的半岛有梅尔维尔半岛和斯堪的纳维亚半岛。

16. 什么是南极冰盖

从定义上来说,南极冰盖是指覆盖在南极大陆上的厚重的冰雪。南极冰盖大概在500万年以前就形成目前的规模了,面积约为1398万平方千米。它的厚度为2000～2500米,最厚的地方达4800米,相当于上海东方明珠塔高度的近10倍,总体积大约2450万立方千米。如果冰盖全部融化,地球海平面将会上升60米左右,大量的水资源将会淹没将近2000万平方千米的陆地。

南极冰盖显而易见的一个特点就是温度低。冰盖远远地看上去平坦光洁,实际上却暗藏玄机,它们的外貌形态各异,有的崎岖坎坷,有的剑拔弩张。南极冰盖并不是固定的,会因为重力的作用向地势低的地方流动。并且,冰盖外围还新生有面积约为150万平方千米的陆缘冰。南极冰盖硕大的身躯匍匐在南极大陆上。

17. 南极冰盖是怎么形成的

一种事物的形成必定包含一定的过程，积土成山，积水成渊。南极冰盖在成为南极冰盖之前，必定经历了一系列的过程。那么它是怎么一天天成为南极冰盖的呢？

在漫长的时间里，雪花飘落到南极大陆，一层一层堆积在这里。渐渐地，雪越来越多，上面的冰雪开始挤压下面的冰雪。空气被挤压出来，雪最初的六面散射的形状会因被挤压消失不见，进而变成球状的粒雪。粒雪又因为自身的重量进一步挤压，粒雪之间相互接近，它们伸出双手紧紧地拥抱对方，从而形成坚硬的冰。上面的雪不断增多，下面的冰也不断增多，而融化的冰又非常少。久而久之，冰层越来越厚，冰盖就形成了。我们知道越靠近极点，温度越低，冰层也就越厚，中心冰层平均厚度达4000米。南极的风有"杀人风"之称，它就像雕刻家，兴之所至就操起锐利的刻刀，把南极的冰盖雕刻一番，就这样形成了形态各异的冰盖，大自然的鬼斧神工不能不令人称奇。

18. 什么是冰芯

南北极最不缺的就是冰了，我们说的自然更多地涉及冰，就像我们不能脱离人类所处的社会环境而单独地说人一样，正是这些环境构成了完整的南北极。

那么冰芯是什么呢？芯指物体的内部，那么冰芯就是大块冰的内部，内部位置的冰就被称为冰芯。

为什么要把这种冰单独命名呢？它究竟有什么作用呢？

我们知道，冰盖是因为积雪自身的重量挤压塑型，一层一层累积形成的。冰盖内部的冰可以告诉科学家冰的年龄，就如同树的年轮可以告诉我们树的年龄一样。另外，冰芯里所含有的成分可以标示冰所在年代的大气成分，科研工作者们正在拿它们与现在的大气成分对比，看能不能恢复以前的环境，而不再是眼看着全球变暖却毫无办法。

中国科学考察队在南极钻了一支目前全世界最深的冰芯，令世界科学界为之轰动，中国关于这方面的科学研究水平正一步一步走向世界的最前端。

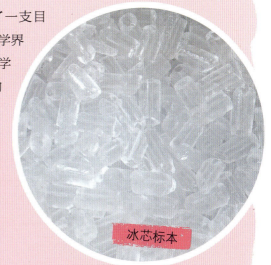

冰芯标本

19. 南极有地下湖吗

地下湖又是大自然另一鬼斧神工的杰作。你一定对这神奇的存在充满好奇,南极的地下怎么可能有湖呢?可是大自然就是如此调皮,它最喜欢做的就是让人意想不到。地下湖是大自然纵容湖泊玩的捉迷藏。

地下湖又被称为暗湖,是深藏在地下天然洞穴里的水体。在南极冰天雪地的环境里,会不会有水的流动呢?30多年前,苏联科学考察站有一个惊人的发现:在南极4000米厚的冰层下,一个湖泊静静地涌动着。它的名字叫作沃斯托克湖,是一个庞大的被隔绝1400万年的世界。沃斯托克湖深达500多米,面积15690平方千米。这么庞大的躯体隐藏在这么厚重的冰盖下,令人叹为观止。随着科学考察的深入,南极的地下湖不断展现,目前已经发现了150多个。它们被禁锢在南极冰盖下,虽然阳光无法与它们见面,生命却出现在这里。科学家们在这些湖里发现了数千种细菌,以及环节动物和甲壳类动物。

这些南极的地下湖长期处于黑暗和寒冷之中,可能保存了大量史前地球信息,对于科学研究有着重要的价值。

深藏于南极厚厚冰层之下的沃斯托克湖

20. 什么是南极陨石

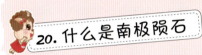

你知道什么是陨石吗？陨石来自遥远而神秘的宇宙，是贪玩不小心闯入地球的太空固体颗粒，它们长得很像地球上的石头，说不定就在你我身边却被我们忽略了呢！陨石可以用来揭开浩瀚宇宙的神秘面纱，所以科学家们对它的探索总是乐此不疲。

南极陨石当然就是从太空坠落在南极的陨石了。南极真是陨石的乐土，目前中国已经收集到一万多块南极陨石，在世界上排名第三。这些陨石大部分是在冰面上或者碎石带发现的。让人疑惑的是，陨石到达世界每个角落的概率是一样的，为什么偏偏在南极会有那么多呢？我们知道陨石大多是暗色的，而南极是冰天雪地的白色世界，陨石在冰的衬托下更容易让人发现。另外，南极又像一个天然的大冰箱，把陨石拥在怀里保护它，风儿也来帮助藏在冰层里的陨石露出脸来呼吸新鲜空气，所以南极的陨石更容易被世人发现。

南极陨石的数量多而且种类齐全，又被南极保护得非常好，存在的年代久远，也就更具价值。南极陨石为人类探索宇宙奥秘做出了杰出的贡献。

21. 南极地质是怎么样的

"地质"这个词最早是由三国时期的王弼提出的,那时王弼把它当作哲学领域的词,而它现在则有了完全不同的概念。现在,我们把地质笼统地理解成地球的性质和特征,主要包括地球的物质组成、结构、构造、发育历史等,我们说的南极地质就是南极这些方面的状况。

中国科学家认为,南极大陆是在距今5亿年前的"泛非"构造热事件中形成的,在那个动荡不羁的世纪,大陆形态一步一步完整。南极横贯山脉将南极大陆分成了东西两部分,虽然它们比邻而居,但是它们却有着很大差异。东南极洲资历很深,科学家推算它已经有30亿年的历史。西南极洲的面积只是东南极洲的一半,是一个群岛,较古老的部分包括埃尔斯沃思地、毛德皇后地等,由花岗岩和沉积岩组成。

地球母亲把它们拉到一起,可能想让闹矛盾的它们和好,可它们冥顽不灵,地球母亲为了惩罚它们,就把它们拉到了极寒的南极圈。

22. 南极的无冰区在哪里

1974年2月，一架美国飞机在南极大陆的南印度洋沿岸的上空飞行，突然在一片雪白中发现了异常的身影，领航员班戈把这个高高的冰墙围绕的山谷叫作"班戈绿洲"。在这里，土地上没有积雪，湖泊没有结冰，孕育着无限的生机。

极地的绿洲并不是树木花草郁郁葱葱生长的地方，而是极地探险家习惯了冰天雪地的环境后，偶见没有冰雪覆盖的地方，才将它们称为绿洲。"班戈绿洲"总面积约500平方千米，常年的暴风把地面的岩石雕琢得像蜂窝煤。绿洲中多沙丘，沙丘与沙丘之间的洼地有的干涸着，有的积水成湖。深湖清澈且盐分少，浅湖多泛出浅绿色或褐绿色的光泽，且含较多的盐分，干燥的丘地和斜坡上结着一层白色的盐霜，像是下了小雪一样。

南极的绿洲还有麦克默多绿洲和南极半岛绿洲。这些无冰区均处在火山活动区，赤褐色的火成岩大量分布，成就了在南极不结冰的神话。南极绿洲约占南极洲面积的5%，绿洲上多分布着干谷、火山、山峰和湖泊，在靠近海岸的相对较低的纬度上。

23. 南极有哪些矿产

矿产对于我们来说比较抽象，我们无法看到它、触摸它，人类习惯用一连串冰冷的文字或者化学式表示它，这让我们觉得它距离我们更远了。我们慢慢会懂得，矿产是人类的好朋友，可以帮助我们创造更美好的生活。

南极矿产之丰富已经不能用"非常"来形容了，"极为"才稍显恰当。就现在的估算来看，煤、铁和石油的储量均占世界第一，还有极为惊人的天然气储量，其石油储存量为 500 亿～1000 亿桶，天然气储量为 30000 亿～50000 亿立方米。南极的罗斯海、威德尔海和别林斯高晋海是油田和天然气的主要产地。除此之外，南极还有铂、铀、锰、镍、铅、锡、锌、金刚石等 220 余种矿物。它们分布在东南极洲、南极半岛和沿海岛屿地区。

我们除了使用这些矿产外，还可以用它们来进行科学推演。比如，现在南极有大量的煤资源，可以推断南极曾经处于温暖的地带，不然怎么可以长出形成煤的原材料——树呢？

24. 北极有哪些矿产

很久很久以前，北极大陆经历了重大的变动而最终成型，那些被它打败的东西便屈膝于北极身下，经历时间的锻造，成为北极的功臣——矿产。

在北极的空间里，矿产忍辱负重，在几亿年的时光中积蓄能量。这其中最著名的就是俄罗斯科拉半岛的世界级大铁矿。有趣的是，在地球的另一端，与科拉半岛对称的位置是查尔斯王子山脉的世界级大铁矿，这是巧合还是有什么特殊的原因，还有待人类去考察研究。另外，诺里尔斯克是世界最大的铜－镍－钚复合矿基地之一，科累马地区拥有大量的金和金刚石，世界级大矿——红狗矿山含锌、铅、银，格林科里克银矿是全美最大的银矿，威尔士王子岛拥有大量放射性元素矿石。这些像礼物一样的资源给了人们很多惊喜。它们也似乎懂得人类的期待，在给予的同时，也要用酷寒来考验人类的智慧和勇气。

人们不断地去探索发现，终于如愿以偿，在北极得到了丰厚的收获。

25. 南极有哪些地貌

地貌就好比地球的容貌，是地球表面各种形状的总称。为了方便辨认它们并对它们进行考察探索，地貌学家根据它们的特征分别给它们取了名字，也让世界知晓它们的存在。地貌是由一定的地理环境和气候决定的。它们是特定的地区特有的标志。那么南极都有哪些地貌呢？

南极最常见的就是冰川堆积地貌了，大量的冰堆积在南极大陆上构成了妙趣横生的冰川堆积地貌，它们形态各异，有的优雅，有的霸道，在清冷的空气里叫嚣着。南极当然不允许冰川堆积地貌一枝独秀了，还有另外几种地貌也喜欢上了这地方，比如，冰缘地貌喜欢在大陆边缘无冰地区逗留。而冰蚀地貌是个不折不扣的大坏蛋，它常常伤害别人以达到自己的目的。同样残忍的还有风蚀地貌，它在南极凛冽异常的狂风中恣意妄为着。

26. 南极有土壤吗

土壤是个精力充沛、热情洋溢的孩子，有陆地的地方都少不了它的身影，南极同样拒绝不了这可爱的小家伙。

南极茫茫的冰盖之下，活泼的土壤因为寒冷而失去了活力，这种土因为永久地被冻结而被称为永冻土，在这种永冻土之上的是南极最普遍的土壤——蓝灰色的潜育土。那么我们的第一个疑问是，为什么要叫作潜育土呢？因为永冻土的顽固，南极夏季冰川融水无法渗透它，大量的水留在表面的土壤中，使得表层土形成黏黏的泥淖，类似于下过大雨后难走的泥泞土路，科学家把这种过程称为潜育作用，由此形成的土壤便称为潜育土。接下来我们的第二个疑问是，潜育土为什么是蓝灰色的呢？土壤中过量的水分使得其中的化合物无法呼吸，和我们长久地待在水里会缺氧无法呼吸一样，如此就使潜育土成蓝灰色的了。虽然只有薄薄的一层，但至少证明它存在着。

寒冷的气候禁锢了土壤的活力，植物也就无法从它那里获得自身需要的营养，只好弃它而去了。

27. 南极大陆为什么不会发生地震

我们意识里的地震给人们带来恐惧。每年地球上会发生500多万次大大小小的地震，但是南极地区却从来没有发生过任何级别的地震，那么阻挡地震发生的极地特有的因素是什么呢？

地震发生的原因之一就是板块挤压导致岩层断裂。美国科学家花费30多年研究认为，南极无地震的主要原因在于南极拥有巨大的冰层。南极大陆的冰雪覆盖率达95%，整个冰盖庞大而又极其厚重。冰盖自身的重力与地球内部板块的挤压力打了个平手，所以地震无法伤到南极大陆一分一毫。

实际上，与南极一样，地震也不喜欢北极，它虽然试图进入南北极的领土，却总以失败而告终。

28. 南极地势如何

地势是指地表形态起伏的高低与险峻的态势，人类选择生活的地方大多地势低平、坡度和缓，这样才方便日常生活。人类不选择南极的原因除了气候寒冷外，和南极地势也有关系。

南极大陆是世界上最高的大陆，平均海拔为 2350 米。而亚洲的平均海拔为 950 米，北美洲为 700 米，南美洲为 600 米，非洲为 560 米，大洋洲的平均海拔为 350 米，而欧洲的平均海拔只有 340 米，是最后一名。可是，我们知道南极的冰盖是比较厚重的，它在南极大陆成为最高大陆的路途中扮演着不可或缺的角色。否则南极大陆的平均海拔也不过 410 米。

南极大陆被三个大洋包围在极点附近，这样一个硕大的存在远远地看上去并不高大，当人们真正来到它的面前才能明白，世界最高的大陆果然名不虚传。

29. 什么是极光

在遥远的南北极地区，有一种神奇的光芒——极光。它是如此的神秘和美丽，以至于很多人不远万里跋涉而至，只为亲眼见证奇迹的存在。这绚丽多姿的"舞者"究竟是什么呢？

极光是在地球高纬度地区上空出现的一种夺目的发光现象。只有见过极光，人们才能够理解瞬息万变的真正含义，这一秒明明还是鲜红的波浪，下一秒就变成了金黄的薯片。极光不仅颜色各异，形状也不尽相同，科学研究按照其形态特征将极光分为五种：圆弧状的极光弧、飘带状的极光带、片朵状的极光片、帐幔状的极光幔和射线状的极光芒。除此之外，调皮的极光还喜欢随意地调节光的亮度，明暗交错、五颜六色、千姿百态是极光带给人类最深的感受。

极光的实质是地球周围产生的一种大规模放电的过程。来自太阳的高温带电粒子到达地球附近，地球的磁场迫使其中的一部分沿着磁场线集中到实力强大的南北极。这些粒子进入极地时，与大气中的原子、分子发生碰撞产生光芒，由此便形成了极光。进入北极的叫北极光，进入南极的叫南极光，它们多出现在地球上空90～130千米处。

极光走进人的视线至少已经2000年了，美丽的同时也带来许多麻烦。极光本身携带极大的能量，所产生的电流不仅会扰乱无线电和雷达的信号，还会使电力供应出现问题。

30. 北极光会"说话"吗

耀眼夺目的北极光出现时，常伴随着一种很神秘的声音，这声音好像北极光的喃喃低语，人们不禁怀疑：北极光会说话吗？

芬兰阿尔托大学的科学家探究了北极光神秘声音产生的位置。这种声音产生于距地面 70 米的半空中，相对于出现在 120 千米高空的北极光，这种声音好像与北极光并没有多大的牵连。科学家利用三个相互独立的麦克风，在观测地点同时记录了北极光的声音，通过对这些声音的分析对比，确定了北极光声音产生的地方。

形成这神秘的北极光声音的具体原因还有待于进一步的研究。记录在案的声音有的像是含混不清的爆裂声，往往持续的时间很短。有的像火把燃烧时细碎的"噼啪噼啪"声，伴随着很远的距离感。有的则非常柔软，不细听无法分辨。根据这些资料，科学家推测不同的北极光声音有着不同的形成原因。

人类对于神秘的北极光声音的研究还在不断探索的途中，世界上没有不可以认知的事物，有的只是时间问题。相信不久的将来，我们会找出北极光声音产生的原因。

31. 什么是极昼

极昼是出现在南极圈和北极圈的特殊现象，又称永昼或午夜太阳。极昼现象的表现是一天 24 小时之内，太阳都在地平面以上照耀。那么，这种神奇的现象是怎样造成的呢？

地球在绕太阳公转时，还绕着自身倾斜的地轴自转，地轴与其垂线形成了一个约 23 度 26 分的角，南极圈和北极圈恰好处在倾斜的角度内。北极夏季时，无论地球如何转动，太阳始终照射北极。南极夏季时，无论地球如何转动，太阳也始终照射南极，这样就形成了极昼。

一般来说，太阳直射点在哪个半球，哪一极就会出现极昼，极点一年内大约有六个月是极昼。春分过后，北极附近就会出现极昼，并且随着时间的推移极昼覆盖的范围越来越大。等到夏至时，极昼的范围达到最大，即覆盖整个北极。在这之后极昼的范围就逐渐缩小了。秋分后，轮到南极附近出现极昼，在冬至范围达到最大后逐渐缩小，到春分日归于零。南北半球就这样来回交替着使用极昼的权利。

极昼进行时，总带来无限的生机。太阳赋予阳光生命的能量，阳光把这些能量转送给处在极地脆弱的生命，让冰冷的南北极不至于寂寞。

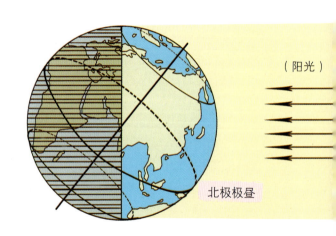

（阳光）

北极极昼

32. 什么是极夜

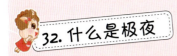

极夜也是出现在南北极的特殊景象，又称永夜。极夜是指在一日24小时之内，极地都处在没有太阳的黑暗中的现象。那么，与极昼完全相对的极夜是怎么形成的呢？

与极昼相反，太阳直射点在哪个半球，那么另一个半球就会出现极夜现象。地球自转轴是倾斜的，太阳在一个半球活动时，另一半球无论地球怎样旋转都无法照射到，只能安静地处在不见天日的状态中。

极点一年中大约有六个月极夜。春分日后，南极附近就开始出现极夜，其范围随着时间不断增大，至夏至日整个南极地区都处在极夜的笼罩下。在此之后，极夜的范围不断缩小，到达秋分日完全消失开始出现极昼现象。此时北极的极夜便来临了，随着时间的迁移范围逐渐增大，至冬至日范围最大，过后便逐渐缩小，到达春分日完全消失，然后迎来极昼。

极夜与极昼在一个地点总是交替进行，都是由地球的公转和自转造成的。极夜进行时，极地地区更加寒冷，植物失去生活的动力不再生长，动物多数选择迁徙或者冬眠，大地一片荒凉。在北极居住的人在极夜时多选择外出，暂时逃离黑暗。

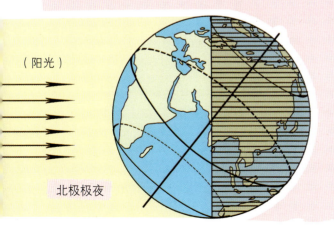

（阳光）

北极极夜

33. 南极有四季吗

我们生活的地方分为春夏秋冬四个季节，一年中可以感受到不同季节的魅力，春秋穿长袖，夏天穿短袖，冬天穿棉袄。昆明的气候始终温润也有四季之分，哈尔滨冬季长存也有季节界限，在南北极同样也有季节的划分，下面我们看一下南极的季节是怎样划分的。

南极温度波动不大，科学家就把南极季节分为寒、暖两季。一年中4月～10月是寒季，这段时间为极夜，太阳公公绝不露面。寒季是南极最冷的时候，很多动物在这个时候选择迁徙。可是美丽的极光喜欢在这时出现。11月～次年3月是暖季，阳光重现，太阳公公不知疲倦、不眠不休，近六个月的极昼一点儿都不马虎。寒冷在这片大地上稍稍收敛，动物们开始回来活动，低等植物也加快了生长速度，南极的春天拉开了序幕。人类的科学考察活动通常也在这一时期进行。

尽管南极只有寒、暖两季，但每个季节都有每个季节的特色，每个季节都有每个季节的魅力和珍贵之处。

34. 北极有四季吗

北极有一个坏脾气的北冰洋，还有一小片受气的陆地。在冷酷这一点上，与南极相比，北极显然是甘拜下风的，我们已经知道南北极的气候类型类似，那它们的季节划分是否一样呢？

实际上，北极的季节是有春夏秋冬四季的，北极还是比南极要暖得多的。北极一年中11月～次年4月长达六个月的时间为冬季，太阳公公沉睡，整个海域完全冰封，地面上也覆盖着厚厚的积雪，动物不是逃离就是沉睡。5月～6月，北极的春天来了，但北极的春天并不像我们的春天一样万物复苏，而更像是一头似醒非醒的怪兽在揉眼睛，大块的冰开始融化，太阳睁开眼睛看世界。7月～8月，北极的夏季来临了，气温开始上升到冰点以上，植物生长开花，海鸟飞到这里觅食，北极熊等动物走出巢穴。8月是北极的最暖月，这个时期的最高温度为零下8摄氏度。到了9月～10月，北极便开始疲倦了，边打着哈欠边走向沉睡的路。在北极的科学考察当然要比在南极容易，就寒冷的煎熬程度来说，北极的夏季是相当仁慈的，这也是北极先被发现的原因。

同一种物体，人们不一定同样对待，凡事要视具体情况而定，所以我们可不能犯了一概而论的毛病，南北两极的四季划分情况就告诉我们这样一个道理。

南北极这世界上最冷的地方,雪花会不会每天都绽放?天气是柔软的棉花糖,还是有着火暴脾气的怪兽?累积在南北极的冰会不会像山脉一样?神奇的南北极气候带你一同领略南北极的神奇。

第二章 神奇的南北极气候

35. 为什么南极比北极冷

北极的年平均气温为零下10摄氏度,史上最低气温为零下71.2摄氏度。而南极的年平均气温为零下30~零下25摄氏度,史上最低气温为零下89.2摄氏度(1983年)。同样处在地球的极点,为什么南极会比北极冷呢?

我们已经知道,北极的中心是浩瀚的北冰洋,而南极的中心是一望无际的陆地。因为陆地吸热快,散热快,海洋吸热慢,散热也慢,所以南极热量散失得快,而北极虽然吸收热量慢,却能储存住热量,这是南极比北极还要寒冷的主要原因。南极大陆是世界上海拔最高的大陆,我们爬山时总觉得爬得越高就越冷,海拔差异也导致南极比北极气候更寒冷。

除了上述两大原因之外,南极比北极更冷,也受到气压和寒流因素的影响。南极洲中心为极地高气压区,气流从中心流往四周,阻挡了低纬度地区的暖空气进入南极。更雪上加霜的是,南极大陆外围环绕着南极寒流,这是一种寒冷的气流,它的作用是降温减湿,而北极却能得到北大西洋暖流带来的温暖。

这么多因素的共同作用使得南极就比北极更冷了。

36. 为什么南极被称为"白色沙漠"

提到沙漠，呈现在我们脑海里的是一幅这样的画面：炽热的大太阳烘烤着一望无际的沙地，阵阵驼铃渐行渐远，干渴笼罩着每一寸土地。南极这个冰天雪地的世界怎么和沙漠沾上边了呢？

南极某些特征与沙漠类似。别看南极冰天雪地，好像水分充足的样子，其实它是一个水资源严重匮乏的地方。巨大的冰盖几乎不融化，冰川在严寒中无休无止地堆积。而且，南极的降水又少得可怜，大部分地区的年平均降水量为 55 毫米，降水量最少的地方不足 5 毫米，这一点与撒哈拉沙漠极为相似。此外，我们知道南极的土壤中养分是极少的，再加上水分的匮乏，植物们就更加不喜欢这个地方了，这一点也同沙漠类似——植被稀少。

看，南极一点儿都不愧对"沙漠"的头衔。这片冰天雪地的白色世界因而被人形象地称为"白色沙漠"。

37. 为什么南极被称为"风暴王国"

有一次，法国的南极观测站测到了每秒 100 米的大风，这是目前人类监测到的风力最大的风，其风速是最强大的 12 级台风的 3 倍，破坏力更在它的 10 倍以上，一栋加固的房屋瞬间就会被吹得凌乱不堪，我们走在南极的冰面上也会被它当玩具吹来吹去。南极的风拥有如此大的力量却好像并无用武之地，倒是吓退了人类在此生存的决心。

南极平均风速为每秒 17.8 米，沿岸地面风速常达每秒 45 米，是世界上风力最强和最多风的地区，这是它被称为"风暴王国"最强有力的证据。可是为什么南极的风会这么大呢？让我们一起去寻找答案。

我们都知道热胀冷缩的原理，空气也是会热胀冷缩的，空气遇热胀开，密度减小，压强降低。同理，空气遇冷缩紧，密度加大，压强升高，由此形成了冷高压和热低压。南极的极冷形成了极地冷高压，而在纬度 60 度附近有一个低压带，空气就由高压流向低压形成大风。帮助它的还有南极特别的地理环境——地势平坦开阔，没有大山和森林的阻隔，风儿更加无拘无束。

38. 什么是雪冰

这里要说的雪冰可不是我们夏天钟爱的各种口味的雪冰，它是存在于寒冷地域的一种冰的类型。

雪冰，顾名思义，是由雪转化成的冰，为了区别于普通的由水结成的冰而取名为雪冰。这种冰只有在高山、高原和南北极才有，那么这种冰是怎么形成的呢？

雪花从天而降来到地球表面，被风或者其他雪花打磨掉棱角，变成圆圆的小颗粒状的粒雪，粒雪与粒雪之间相互挤压，缝隙逐渐变小，雪与雪一步步接近。它们在大自然这个熔炉里发展演变，在时间这个强大催化剂的催化下熔炼，形成三种颜色的冰——蓝冰、绿冰和墨冰。当然，它们的颜色并不像蜡笔盒里的蜡笔一样色彩绚丽，只是淡淡的，接近那些颜色。除了这些正常情况下形成的雪冰之外，还有一些特殊情况下形成的雪冰，包括一层一层由雪和冰层叠形成的三明治冰和由透明的球状冰构成的风化冰。

39. 雪冰有什么作用

每一样事物的存在都有它存在的价值，当然雪冰也不例外。在极寒环境里的雪冰会有什么作用呢？

我们知道雪冰是由雪花而来的，而雪花是空中的水蒸气遇冷凝结而成的，水蒸气又是大气的重要组成部分。能够使雪花变成雪冰的环境必须是极寒的，那样它融化的概率才会很小，这样说来，雪冰存在必然年代久远。很久很久以前，雪冰自天空开始下雪便开始堆积在这极寒的环境里得以保存下来，科学家便从这里着手，研究古时大气成分，看在那个尚未全球变暖的环境里，大气究竟有怎样的构成。这样更有利于我们采取必要措施减缓全球变暖的步伐，从而造福人类。

40. 什么是蓝冰

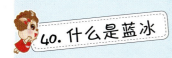

蓝冰这个名字很漂亮，我们可以想象这种冰的样子——蓝蓝的，像水晶一般散发着光亮，冰凉的躯体体现着个性。好奇心强的你一定不满足于仅仅知道这些吧，小脑瓜里还在思考着这样的问题：蓝冰是怎么形成的？蓝冰为什么是蓝色的呢？

蓝冰是远古时期的冰川冰，是雪冰的一种。它的形成同其他雪冰一样，有一个由雪到冰的过程。其实它在形成的初期是乳白色的，经历了漫长岁月的磨炼，冰与冰之间进一步挤压，这些冰就变得更加紧密坚硬，里面的空气不断被排出，冰川冰更加晶莹剔透。

接下来，就是光的散射起作用了。蓝色光波较短，无法穿透冰层，就会产生散射，使冰看上去呈现蓝色。这和天空、大海呈蓝色是一样的道理。

41. 南极地区的气候是什么样的

地球上的气候大致分为 11 种类型，南极地区被划分为极地冰原气候，这是在中国境内没有的气候类型。让我们来看看极地冰原气候在南极的表现吧。

南极有三大气候特征。首先是酷寒，这在我们的想象中是首要的。南极的酷寒当然是事出有因的，太阳对这片大地吝啬它的热量的同时，这白色的冰雪世界本身也不能完全吸收阳光。我们知道夏天穿黑色衣服没有穿白色凉快就是因为白色吸光性不强的缘故。再加上南极的海拔比较高，这些因素共同造就了南极成为世界上最寒冷的地方。其次是干旱，南极最不缺的就是常年不化的冰，再加上鲜少降水，而且有限的降水也都是雪，大部分雪又直接形成了冰，这让它一直享有"白色沙漠"的称号。最后便是烈风了，这样的风直接诠释了什么叫"风头如刀，面如割"。不到南极，我们是无法见识到世界上脾气最火暴的大风是什么样子的。

这三大特征一起表明了极地冰原气候的特点，并在我们眼前展示了这是怎样的一个世界。

42. 冰盖有什么作用

酷寒的天气才孕育出庞大宏伟的冰盖，这么大块头的家伙存在着，享用着地球带给它的一切，同时它也是个好孩子，懂得"滴水之恩，涌泉相报"的道理，它也想着该做些什么事情让自己不至于显得那么碌碌无为。别看冰盖整天整天地只知道睡觉，它的内心储存着巨大的能量。我们可不要低估了它的实力。

冰盖是指那些长期覆盖在陆地表面的而且面积大于5万平方千米的冰体，它还有一个名字叫大陆冰川。它的来源同样是降雪，由雪到冰形成冰川冰，降雪中的化学成分和一些小颗粒可以反映出大气循环的特点和气温状况。冰盖就是在日复一日、年复一年的时间催化下形成的，不同年份的冰雪一层一层堆积成现在的冰盖。降雪在转化的过程中虽然经历了锤炼，但也保留了它原有的基本特征。

科学家根据冰盖的特点可以分析研究地球的气候历史，找出地球气候发展到这个地步的直接原因，从而使我们的地球更加健康、更加美好。而冰盖又像一个大冰箱，保鲜着极地的一切。

43. 太阳为何不能高挂在北极上空

太阳为什么不能高挂在北极上空？难道是因为太阳怕冷，畏惧北冰洋的寒冷才胆怯地冒出一点点脑袋，不敢直视它吗？

众所周知，太阳始终直射的是地球的中心地带——赤道，而北极是北半球距离赤道最远的一个位置，太阳在北半球能够直射的最远的位置是北回归线23度26分，而北极的最外围纬度为66度34分，这显然距离北回归线还有很大一段距离，太阳也就力不从心了。

北极的11月～次年4月是冬季，这6个月里太阳就照到南边去了，北极在这段时间满满地全是黑暗。到了5月～10月，北极全是白天，而南极就只能忍受无边的黑暗了。

太阳到不了北极正上空，给这里带来了独特的极地景观。

44. 世界冷极是什么

世界冷极，从字面上看，是世界极冷极冷的地方，而这个地方堪称一个"最"字。你知道中国最冷的地方是哪里吗？是黑龙江省漠河县，测得的最低温度达零下58.7摄氏度。但漠河并不像南北极那样永远是冰雪的世界，而是一片人类生活的繁荣地区。

在测定谁是世界冷极的时候，有几个地方还经历了一番激烈较量。世界冷极最早被认为是在北极，当时的低温纪录是零下59.9摄氏度。1926年，地理学家谢尔盖·奥布卢切夫在俄罗斯西伯利亚地区的奥伊米亚康测得零下71.2摄氏度的低温，是世界又一新冷极。后来，南极东方站测得的零下88.3摄氏度的低温轻易就打败了所有的对手，但这并不是故事的结束。1983年，科学家在南极点附近测得零下89.2摄氏度的低温。从此，南极便被冠以"世界冷极"的称号。

45. 北极有风暴吗

在南极刮风暴像我们喝水吃饭一样平常。当风暴来临时，南极的土著企鹅非常不以为意，该忙自己的什么还忙自己的什么，因为它们对南极风暴早习以为常了。北极在与南极对立的地方站立，那么北极能不能形成媲美南极风暴的"威风"呢？

北极具有形成风暴的条件。北极极冷的天气形成了极地高气压带，在北纬60度附近又形成了副极地低气压带，气流由高压带向低压带流动，从而在北极的领地形成了东风带。由此看来，风在北极是没有限制的。与此同时，北极附近的洋流也来助阵。格陵兰岛东面的东格陵兰岛寒流与北大西洋暖流针锋相对，西面的拉布拉多寒流与墨西哥湾暖流剑拔弩张，寒暖流相遇造成气流的波动从而形成风。北冰洋平坦的海面冻结成冰，掀不起大浪倒是吹得起大风。冬天的北极，风暴夹杂着雪花频繁地扫过大地。不过到了春天，阳光到来，风暴就不常光顾了。这样一来，北极风暴的强度就没办法比得上南极了，不然，"风暴王国"的称号就该重新认定了。

46. 北极的降水情况怎么样

作为冰雪王国的南极是人们眼中的"白色沙漠",我们在对它失望之余,不禁要对与之相对的北极生出更多的期待。那么,比南极暖得多的北极降水情况到底怎么样呢?

北极的降水主要集中在近海陆地,其中以格陵兰岛居多。北极年降水量一般在100~250毫米,而格陵兰岛海域可达500毫米。对比南极55毫米的年平均降水量,北极显得更加水润。北极的降水形式不像南极只有雪,北极的降水有雨也有雪。短暂的秋季过后,漫长的冬季席卷北极,这时的降水形式主要是降雪,可是降雪量却像南极一样少得可怜。过了冬季,北极的雨季才刚刚开始。北极的降水主要集中在夏季,夏季气温升高,温度到达冰点以上,雨水在极地崭露头角,滋润大地,给北极大陆带来勃勃生机。

我们生活的地方,雨雪给诗人带来诗情,给艺术家带来创作灵感,给孩童带来欢乐,但对于企鹅、北极熊来说频繁的雨雪就是一种奢求了。

47. 北极对全球气候有什么影响

如果你的脚丫受伤了，那么你会感觉浑身不舒服，而且行动不便。身体的一部分受到损伤，其他机能必然受到影响。北极地区作为地球的一部分，它的一举一动同样影响着地球的变化。现在，地球面临的重大问题便是全球变暖，而北极在这个过程中扮演着非常重要的角色。

我们知道，太阳总能直射赤道，而赤道地区得到的大量热量却不能够完全消化，这些热量无处可去，便奔向南北两极。这么多热量来到北极，似乎北极不会再寒冷，温度上升，冰川融化，冰封的世界会变成流动的人类活动地，北极也就失去了它独特的魅力。还好，北极是个聪明的家伙，大面积的冰层成了它不被改变的保护层。海冰有一个独特的功能，就是能够反射热量，热量来到这里随即又被反射走。这样，便保证了地球的温度能够合理地调控，不至于脱离正常的轨道。

48. 为什么说北冰洋是全球气候变化的"启动器"

北冰洋被称为全球气候变化的"启动器",这让我们有点儿难以接受,科学家为什么这么说呢?他们有什么证据这样肯定北冰洋的存在价值?

这得从北冰洋的海底地形说起了。北冰洋是一个深度最浅且大陆架非常宽广的大洋,宽广的海底交错分布着和地面一样的山岭、盆地、沟槽。罗蒙诺索夫海岭把北冰洋一分为二,形成独特的环流系统,以东为顺时针环流,以西为逆时针环流。携带着多余热量的暖流们抵达北冰洋,在这里稍作停留又以寒流的形式离开,平衡全球的热量交换。同时,北冰洋又与大西洋和太平洋进行水量平衡的交换。一旦北冰洋不复存在,地球上不再存在平衡热量的场所,全球气候都会受之影响而发生改变。如果北冰洋长期存在,并作为气流交换的场所长期存在,那么气候稳定也就不算什么。但是没有什么是一成不变的,在全球变暖的浩大声势下,北冰洋正在为它拉开序幕,推波助澜。

在全球气候变化的"启动器"中,北冰洋只是其一,不是唯一。

49. 为什么北极最冷的地方不在极点

有记录以来，北极点的最低气温是零下59.9摄氏度，但是北极地区最低气温是零下71.2摄氏度，这个温度是在西伯利亚奥伊米亚康地区测得的。按理说，越靠近极点温度越低，北极最低温却出现在北极圈附近，这是什么原因呢？

北极点被北冰洋环绕，水的热容量大，降温幅度小。再加上北大西洋暖流在外推波助澜，这里的寒冷势力一步步被削弱。而奥伊米亚康地处高纬位于盆地当中，温暖的海风、洋流无法顾及，东、西、南面被契尔斯基山脉和维尔霍扬斯克山脉包围，只有北面向北冰洋开放，冷空气长驱直入并在盆地里积聚，造成了它无法挽回的寒冷局面。

在如此寒冷的地区，雅库特人却生存了下来。他们形成了自己的生存规则，并一直延续至今。

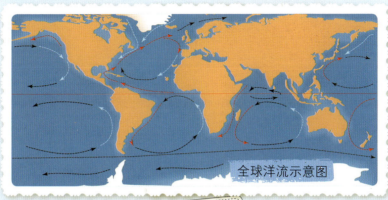

全球洋流示意图

50. 洋流对极地气候有什么影响

洋流又称海流，是地球表面热环境的主要调节者，理所当然地，它应该对极地气候的形成负有责任。那么，这些功臣都对南北极做了什么呢？

总的来说，暖流具有增温增湿的作用，寒流则倾向于降温减湿。在南极大陆周围环绕着南极环流，这支寒流势力强大且庞大，驱赶了任何一支想要来到南极的暖流。南极环流在加剧南极干旱的同时，还促使它成为世界上最寒冷的地方。北极地区比较民主，在它的领地范围有三支寒流和三支暖流，挪威暖流、北角暖流和斯匹茨卑尔根暖流带来低纬度的带有热量的海水，东冰岛寒流、北冰洋寒流和东格陵兰岛寒流则负责把低温的海水送往低纬度。这是洋流的主要贡献，用来平衡地球的热交换。三支暖流也带给北极比南极更多的降水和更高的温度。洋流在极地气候中扮演着不可或缺的重要角色，甚至在北极海冰逃跑的时候能起到推波助澜的作用，洋流对极地来说就像一个不离不弃的好朋友。

极地之所以成为现在的极地，多亏了洋流多年来的鼎力相助。

51. 北极海冰为什么不固定

首先，你是不是有这样一个疑问，北极的那些冰怎么可能不固定？都冻住了还怎么移动？如果这样认为，你显然低估了北极海冰的实力。

北冰洋表面绝大部分终年被冰雪覆盖，而北冰洋的海冰不固定主要是因为洋流的运动。海冰的上面是固定的，但海冰的下面却是流动的。海冰下面的寒流向外流动，与暖流相遇，从而造成海冰漂移、分裂、融化。这也是北极不能长期拥有巨大冰盖的原因，它拥有的冰量仅是南极冰量的十分之一。陆地上的冰显然有着牢固的根基，它们不能像北冰洋上的海冰那么随意游走，但是由于冰雪自身庞大的重量形成一股压迫力量，使这些冰不断地向地势较低的沿海移动，就像溪流一样不顾一切奔向大海那样，最后悲壮地跳入大海形成巨大的冰山。北极地区以这种形式损失了好多的冰，但又会在损失的同时获得好多冰。

自20世纪90年代开始，北极海冰就以惊人的数量消失着，全球变暖的打击暂时无法完全消灭北极的海冰，但是依然带来了恶劣的影响，保护海冰成为人类的又一项重任。

52. 我们为什么要担心南北极上空的臭氧层空洞

说到臭氧，你知道它是什么吗？它是一种有特殊臭味的气体，因为和氧气的组成元素一样而被称为臭氧。臭氧不同于氧气，它不能为我们呼吸提供必要的条件，且具有强烈的刺激性。如果我们不小心吸入的话会对身体造成危害。可是它在其他方面的重要作用使它成为保护地球的重要卫士。

臭氧层存在于离地面15～50千米处的大气平流层中，在地球上空形成一把巨大的保护伞，用来过滤太阳光。世界上的一切生物都离不开太阳光，但太阳光中也有不好的成分。太阳光主要是由可见光、红外线和紫外线组成，可见光和红外线对地球有益，但是过量紫外线对人体和生物有害。过量的紫外线照射会使人和动物的免疫力下降，植物和微生物也会因为过量的紫外线照射而死亡。这时候，臭氧层就站出来发挥作用了，它能够将太阳光中99%的紫外线吸收掉，从而保护地球上的生物免受紫外线的侵害。

但是现在，这层地球的天然保护屏障正在不断地遭受损害。南北极上空的臭氧层都出现了空洞，这就使紫外线有机可乘。而造成这一后果的主要原因是人类的活动，人类在生产和生活中肆意向空气中排放大量的废气，致使臭氧层遭到破坏。废气主要包括汽车尾气、工业废气、超音速飞机排出的废气等。

臭氧层被破坏的程度不断加剧，南北极气候环境面临前所未有的危机。人类如果再不爱护我们所赖以生存的地球母亲，后果将不堪设想。

53. 全球气候变暖对极地气候有什么影响

全球气候变暖已经成为我们不得不面对的事实。全球气候变暖会给南北极带来什么影响呢?

全球气候变暖会使极地原本冰封的世界开始解冻,海冰融化。海冰可以反射太阳光,从而反射掉了大量的热量,而海水则无力抵抗,90%的热量都被它吸收,从而使更多的海冰融化成海水。这样就一步一步加剧了全球气候变暖的趋势。极地的海冰储量惊人,固体的冰融化成流动的液体,大量的水流向海洋,地球的一个噩梦——海平面上升便逼近了。近海的陆地、岛屿将会不复存在,人类活动范围将进一步缩小,甚至一些城市和国家也会消失。

温室效应的根本原因是二氧化碳量增多,温度升高加速了生物的生长过程,南北极永冻区也开始有冰雪融化并出现更多生物,向大气中排放的二氧化碳也就更多,进一步加剧温室效应。

人们在一味追求自我的发展时忽略了生活的环境,对它造成了难以弥补的伤害。

54. 南极冰为什么会"唱歌"

在南极考察时,科研工作者们发现了一个奇妙的现象——南极冰竟然会"唱歌"。如果把一小块南极冰放入一杯水中,冰块在融化的同时会发出轻微的类似乐器发出的美妙响声,并且它们还会跑来跑去地"跳舞",有时不小心跑过了头还会撞到杯子壁上呢!那么,这一奇妙的冰"唱歌"现象是怎么形成的呢?

所有这一切,还要从南极冰的形成说起。雪花在挤压成冰的过程中彼此间存在着无法挤压尽的气体,这些气体在长年累月的堆积冰的压迫下变成了高压的气体,高压气体分散在冰里的一个个小气泡中。当冰遇到水便开始融化,里面的高压气泡就会破开,并与水和空气发生碰撞,在发出美妙声响的同时,推动小冰块舞动身姿,甚至撞到杯子上。

2002年,科学家在南极洲记录地震信号时意外收到了清晰的声音信号,时起时伏的旋律像是一首歌。科学家根据这个声音信号进行追踪,发现了一座冰山,而这声音就是冰山撞击海床发出的。

55. 乳白天空为何被称"死亡天气"

1958年,一名直升机驾驶员在南极埃尔斯沃思地突然遭遇乳白天空,霎时坠机身亡。

1971年,一名驾驶"LC-130大力神"飞机的美国飞行员在距离特雷阿德利埃200千米附近的地方,因遭遇乳白天空而坠机失踪。

这可怕的乳白天空"魔咒"到底是什么呢?

乳白天空是由南极的低温和冷空气的特殊作用而产生的一种危险的天气现象。据南极探险家描述,发生这种天气现象时,天与地似乎融为一体,人的眼中满是牛奶般的乳白色,其他什么都看不到,如此一来,人们便会分不清天与地,分不清障碍和漏洞,仿佛进入到黏稠的牛奶里了。造成这种奇特现象的原因是这样的:太阳光射到冰层上后又被反射到低空云层里,而低温云层里充满着等待降落的细小雪粒,小雪粒们好像一个个小镜子把光线分散开来,就这样,光线来来回回地反射形成了乳白天空。说到底,乳白天空是一种幻境,是光线们开的一个玩笑。

在高空遭遇乳白天空难逃一劫,在陆地遇到也容易丧命,最好的办法是待在原地不动,在保暖的同时等待救援。

56. 斯瓦尔巴群岛为什么生机勃勃

斯瓦尔巴群岛这个被北欧海盗于1194年发现的群岛由9个岛屿组成，总面积约为62049平方千米，地属挪威，位于北纬74～81度，处于巴伦支海和格陵兰海之间。这里虽然距离北极点仅1750千米，却仍有人居住，虽是一片冰雪的世界却充满生机，这是为什么呢？

坐落于斯瓦尔巴群岛的斯瓦尔巴大学部对于这个问题进行了深入的研究。原来，受墨西哥湾暖流的影响，斯瓦尔巴群岛的平均气温要比北极同纬度的其他地方高10～15摄氏度。墨西哥湾暖流宽约120千米、深约700米，表层水温达25摄氏度，宛如巨大的输暖管不断给斯瓦尔巴群岛送来暖意，让岛上的寒冬不至于那么残酷难熬。

斯瓦尔巴群岛属极地苔原气候，海洋性气候比较明显。由于墨西哥湾暖流流经于此，岛上的年平均气温最高可达7摄氏度，最低零下22摄氏度。夏季最高温为15摄氏度，冬季最低温零下40摄氏度。群岛上有地衣和苔藓类植被，还有小极地柳和矮桦木等树木。群岛上还生活着各种鸥鸟、矶鹬、雪地颊白鸟、棉凫、松鸡等禽鸟，河流湖泊中还有有名的红鲑鱼，这里也是北极熊、驯鹿和北极狐等动物的家园。此外，群岛的沿海区域还生活着海豹、海象、鲸鱼等。

斯瓦尔巴群岛还有丰富的煤、磷灰石、铁、石油和天然气等矿藏。

斯瓦尔巴群岛相对宜人的气候条件使它充分发挥了其特殊地理位置的价值。在对北极的神奇进一步探索的同时，人们在斯瓦尔巴群岛也开展了生产、科研、教学等一系列活动。

斯瓦尔巴群岛景色

冰天雪地的南北极和地球的其他地方一样，有着独特的生态系统。那么这两片神奇的领域里到底生长着什么生物呢？那里有没有"嗡嗡"叫着的昆虫？有没有遍地盛开的花朵？会不会遍地绿茵，奔跑的生命永不止步？抑或寸草不生，像一片白色的沙漠？企鹅和北极熊是否像传说中一样生活着？我们的疑问都可以在接下来的探索里寻找到答案。

第三章 神奇的南北极生态系统

57. 南极生物的生存环境如何

看 看我们熟悉的生物生存的环境——森林、湖泊、山地、草原，丰富多彩的环境孕育出各种各样的生命。我们人类也在这样的环境里一步步进化。又有谁能比大自然更神奇呢？可是，白茫茫一片的"大冰箱"——南极，又有着怎样的生存环境，让生命不顾一切地来到这里生存呢？

南极也有陆地和海洋，让我们的眼光从南极大陆开始探索。97%的陆地冰盖掩盖了南极大陆的大部分土地，这让南极与大片的草地、森林绝缘了。但这并不代表南极没有植物，只不过多是地衣、苔藓之类的低等级植物，因为它们不需要太多的养分和阳光。

南极的季节有寒、暖两季之分。寒季对于动植物来说是最难熬的，植物们没有办法移动只好自生自灭，而动物大都会选择迁徙。等暖季到了，植物们又开始生长，动物们也回来觅食。企鹅和海鸟的回归是因为它们喜欢南极丰富的磷虾资源，而磷虾又非常喜欢南极海洋的环境。部分南极的海洋在暖季也是冰封的，冰层下面隐藏的生命也尽可能在暖季探出头来。南极的食物链以其特有的模式形成并持续着。

58. 南极有开花植物吗

在 神奇南极的陆地上有盛开的花朵吗？

南极植物少但种类多，目前，植物学家考察并发现了850多种植物。其中多是低等植物，包括350多种地衣、370多种苔藓和130多种藻类，仅有3种开花植物属高等植物。地球上开花植物在南半球的生长界限是南纬64度，南极半岛的北端和一些岛屿刚好越过了这条线，开花植物得以在这些地方存在。三种开花植物均是草本植物，一种是垫状草，另外两种都是发草属植物。它们开不出玫瑰、牡丹那样艳丽的花朵，只有小穗状的简约小花，叶子也是狭长的。南极特殊的生态环境改变了这些植物的适应性，使它们能够在这样独特的环境里生长繁衍。

尽管条件很艰苦，这些开花植物还是对南极不离不弃。

番红花

59. 北极有哪些植物

北极是个有情趣的地方，相对南极来说，它冷酷但不失温柔，偶尔也发脾气却不会持续太久，它该哭就哭该笑就笑，性情坦率，它的追随者遍布北极的每一个角落，连鲜花也喜欢追随它。

北极仅开花植物就有100多种，地衣达2000多种，苔藓500多种，好多都是南极没有的植物。北极苔原里的植物有矮小的灌木、多年生禾草、地衣和苔藓等，这些植物大都是常绿植物，因为北极的生态环境恶劣，冬季寒冷且漫长，夏季低温且短促，植物为了多吸收能量生长便在进化过程中省去了发芽、长叶这样大量消耗能量的环节。北极的鲜花有番红花、勿忘草、罂粟、蝇子草等，颜色鲜艳美丽。这些生命生长在一层薄薄的泥土上，用短短几十天的时间生长开花，然后凋萎，完成生命的周期。这些生命让北极的夏天更加生机勃勃。

60. 南极生物有什么特殊之处

在南极哈一口气都能迅速霜化的环境里,南极的生物有怎样的特性,能让它们在南极很好地生存呢?

南极的气候特征是低温、干旱、多风。处在这样的环境里,南极生物表现出了超强的适应能力,它们不仅能够忍受长期的黑暗和寒冷,还能够在极度干旱的条件下生长。植物还是挺聪明的,它们对抗恶劣环境的方式也是多种多样的,其中主要有休眠、变换自身颜色、改变代谢方式等,让我们来一一揭开它们神秘的面纱。

生命力强盛的轮虫在南极占有一席之地,它们在南极的寒季仿佛智能地选择休眠模式,并持续几个月,度过漫长的极夜。而藻类更是聪明呢!南极水域里有一种"冰雪藻",能够在有阳光的时候变成绿色进行光合作用,而在黑暗中变成蓝绿色吸收其他波长的光来生长。在维多利亚地的淡水湖里的一种湖藻则选择了另一种方式生存。它能够充分利用南极极昼时的阳光,高效率地进行光合作用,产生的能量被它分成两部分,一部分供自己生长,另一部分储存起来等黑暗时使用。如此一来,死亡就被它远远地拒之门外了。

帝企鹅

阿德利企鹅

王企鹅

帽带企鹅

浮华企鹅

喜石企鹅

61. 南极有哪些种类的企鹅

现在，企鹅已经成为南极的象征。就像北极熊是北极的象征一样，总有一些特色事物让我们铭记一个地方、一种环境。那么南极企鹅都有哪些种类呢？

目前，企鹅的活动领域只在南半球，大约有 20 种之多，分布在南极的企鹅只有 7 种。南极企鹅虽然种类少，但数量之众居世界首位。

首先必须要说的是世界企鹅之王——帝企鹅。帝企鹅是南极洲最大的企鹅种类，身高可达 1.22 米，体重可达 41 千克，因其举手投足之间带有帝王风范而得名。紧居其下的是高可达 90 厘米、重可达 12 千克的王企鹅，因它们同属异种、形态相似而被称为王企鹅。与帝企鹅不同的是，王企鹅身材像窈窕淑女，脖子后鲜艳的红色羽毛更衬得它们分外妖娆。长相比较幽默的阿德利企鹅是由法国探险家迪尔维尔以他妻子的名字命名的。眉清目秀的金图企鹅脸部有美丽的红色点缀，眼部的红色三角形更衬托出潇洒倜傥。严肃威武的帽带企鹅有个显著的特征，就是它们脖子下有一道黑色的条纹，像海军军官帽子下的带子，所以被称为帽带企鹅，也曾被亲切地称为"警官企鹅"。南极最小的企鹅是喜石企鹅，顾名思义，就是因为它们喜欢石头，一生的活动都与石头有着千丝万缕的联系。企鹅中的贵族——浮华企鹅则因为它们眼睛上方的金黄色毛羽而得名，瞧它们那副奢侈豪华的装扮，叫浮华企鹅可真是名副其实呢。

金图企鹅

62. 企鹅怎样在南极生存

可爱的企鹅选择生活在南极这片酷寒之地，是怎样战胜一切生存下来的呢？

企鹅具有独特的抗寒条件。它们体温恒定，又聪明地选择低代谢方式来适应低温。企鹅的羽毛也发挥着重要的作用，身披的羽毛可以分为内外两层，一层御寒，一层保暖。而毛下的脂肪层不仅是御寒的要物，也是寒季中能量的主要来源。

企鹅是海洋鸟类的一种，短小的前肢和硕大的身体使它们不能像其他鸟类一样飞翔，却促成了它们养成善于游泳的特质。别看它们在陆上行走时行动笨拙，一下水它们便变身游泳健将。成年企鹅的游泳时速达20～30千米，连速度快的捕鲸船和万吨巨轮都不是它们的对手。这项技能使企鹅能够在海洋里快速捕猎食物，包括磷虾、乌贼和小鱼等。

企鹅在不同的季节有着不同的任务。南极暖季时，企鹅们主要生活在海上，这时它们的主要任务是吃饱喝足，养精蓄锐。等到了4月份，南极进入初冬，企鹅们便爬上岸来着手"安家立业"的事情了。在找好对象、筑好巢之后，企鹅便开始了寒季的主要任务——繁殖后代。企鹅就是这样在南极生存的，一代一代，生生不息。

63. 企鹅也有"幼儿园"吗

幼儿园是幼童们生长学习的地方，是人类社会发展到一定阶段的产物。看上去行动笨笨的企鹅怎么会有"幼儿园"呢？

事实上，聪明的企鹅确实有属于它们自己的"幼儿园"。很多到过南极的人都会看到这样一幕：几只大的帝企鹅周围围着很多的小企鹅。这便是企鹅们的幼儿园了。小企鹅孵化出来1个月后，已经能独立行走玩耍。小企鹅们的父母想要给它们更多的营养，就要寻找更多的食物。小企鹅们需要更快、更好地成长，学会自立，企鹅团队里就会挑出几个大企鹅看管这些小企鹅，组成有模有样的企鹅"幼儿园"。

有时，调皮捣蛋的小企鹅会脱离队伍，大企鹅就会略施惩戒让它归队。有时，"幼儿园"会遭到贼鸥的袭击，大企鹅们便负责发出警报，招呼附近的企鹅加入抵抗的队伍。一天的看护结束后，小企鹅们会非常耐心地等待它们的父母归来。企鹅爸爸妈妈们从一大群长相差不多的小企鹅中迅速地找到自己孩子，依靠的法宝就是小企鹅的叫声。企鹅父母总能准确无误地在一大群小企鹅中找出自己的孩子。

小企鹅3个月左右就要离开父母开始独立生活，也就意味着它们的"幼儿园"生活从此就结束了。

64. 北极熊如何生存

因为看起来通体白毛，北极熊又被称为白熊。别看北极熊的模样憨态可掬，它可是世界上最大的陆地食肉动物，在北极位于食物链的顶端。北极熊是怎样在北极生存的呢？

首先要说的就是它独特的抗寒能力。北极熊的毛像是一根根中空的小管子，只允许紫外线通过，帮助北极熊更好地收集热量，而毛下的黑色皮肤又帮助它储存热量，黑皮肤下厚厚的脂肪层是热量的又一把"保护伞"。在这样重重的保护下，北极熊在寒冷的北极就可以活动自如了。

北极熊是危险的食肉动物，嗅觉灵敏和擅长游泳能够帮助它们更好地捕猎。北极熊的主食是海豹，有时也捕猎海象、白鲸、鱼类等，到了夏季万物生长的时节，北极熊还会吃一些浆果或者植物的草茎来补充营养呢！北极可饮用的水是非常稀少的，为了适应这种状况，北极熊选择饮用动物的血液来代替进水。在冬季，北极熊会连续好久捕不到猎物，这时候它们会选择冬眠的方式来减少热量的消耗。

北极熊的恋爱、交配的季节通常选在美丽的春天。它们的幼崽会在早冬出生，体重一般是 600～700 克，然后它们会和妈妈一起冬眠，靠母亲的乳汁来获取营养，直到来年春暖花开的时节才出来活动。这时它们通常已经是体重 10～15 千克的大熊仔了。

就这样，北极熊在北极这片土地上扎下了根。生命的延续就是这样神奇！每个物种都有其自身的繁衍规律和适应这个世界的能力。

北极熊有很强的抗寒能力

北极熊是危险的食肉动物

65. 极地海豹怎么生存

海豹主要生存在寒冷的两极海域，在我们印象中，这种会顶小球玩耍的可爱动物，是怎样抵御严寒在南北极生存的呢？这并不是一个谜。

海豹不像企鹅和北极熊那样大多生活在陆地上，海豹一生的大部分时间都在海里度过。海里虽然没有陆地寒冷，但还是需要一定的御寒能力。海豹最重要的御寒工具是厚厚的皮下脂肪，短短的毛发好像只是为了装点光秃秃的皮肤。海豹只有在脱毛和繁殖的时候才到陆地或者冰块上生活。在水中畅通无阻的流线型身躯到了陆地上反而笨拙，这使得海豹只能将身体弯曲来爬行前进，像一只硕大的蚯蚓。

海豹游泳本事很强，时速可达 27 千米。在潜水方面也深有造诣，一般海豹都能潜 100 米左右，南极威德尔海豹更能潜 600 多米深，这些本事让它们在水中行动起来游刃有余。海豹主要捕食鱼类和头足类，偶尔吃一点儿甲壳类。它们是名副其实的"大胃王"，一般一顿就可吃 7～8 千克鱼。

海豹选择在陆上进行繁殖。企鹅像鸡一样是蛋生，海豹则像猫咪一样是胎生。它们一般以家庭为单位生活在一起，与海象、海狮还是近亲呢！

海豹

海豹

海象

66. 南极海洋里有些什么生命

南极海洋里的生命可谓多姿多彩，比简单的陆上生态要丰富得多。南极海洋里阳光充足，使得海洋生物能够更多、更充分地进行光合作用。南极海域里上升流的存在给南极生物带来了丰富的营养盐，为它们的生存提供了良好的环境。

南极海洋生物链的最低端是藻类，硅藻是其中的代表。在浅层海底还生存着淡红色的海胆、很像扇贝的南极日月贝、体积很小的海蜘蛛、长达1米的纽形动物等。在南极的深层海域，生物种类更是五花八门，有形态各异的海绵、多种珊瑚类、在石灰质洞里居住的沙蚕、红色的海星和美丽的海齿花等。它们的食物主要是一些浮游生物。当然，在南极海域里数量最多的还要数磷虾。磷虾是南极食物链中非常重要的一环。南极海域里少不了的还有鱼类，海豹、海象、海狮会捕猎这些弱小的鱼类。南极海洋食物链的顶端是鲸，它们一天能吃几吨食物。物种之间彼此关联，构成了南极海洋的食物链。

67. 北极有哪些动物

北极的植物一直是极地的骄傲，北极的动物又有哪些值得称道的地方呢？

对于大部分动物来说，在极地无论生活在陆地上还是海洋里，都是一个严峻的挑战。除了生活在海岛、冰山和浮冰上的北极熊最为著名之外，北极还有很多其他的动物。庞大的海中霸王——白鲸有时也会被北极熊当作腹中餐。在白雪皑皑的冬季穿着雪白皮毛的北极狐到了夏天会换上青灰色的衣裳。北极的狼又称白狼，徘徊在苔原上的驯鹿、麝牛是它的猎物，有时北极兔、海象、旅鼠、鱼类也会成为它们的攻击对象。每年，在北极相对温暖且食物充足的季节，成群结队的旅鼠和海鸟会来到这里繁衍生息，在极夜到来之前浩浩荡荡地撤离。寒暖流交汇使得巴伦支海和挪威海成为世界著名的渔场。蝶鱼、毛鳞鱼和黑线鳕陪着鳕鱼一起在这片渔场中嬉戏、觅食，浮游生物和一些小型鱼类是它们的捕食目标。北极鳕鱼遍布北冰洋，这种冷水性鱼类在水温超过 5 摄氏度就会不见踪影。

动物们活跃的身影给看似萧条的北极带来了无限的生机。当阳光照耀这片大地时，没有一种生命是卑微的。

旅鼠

北极狐

北极狼

驯鹿

68. 圣诞老人的专属"司机"在现实中是什么样的

我们期待着亲眼见证这样的画面:白胡子圣诞老人驾着它的驯鹿雪橇车,在漫天飞雪中突然出现,送来圣诞礼物。在这里担当着圣诞老人的"司机"这一角色的动物就是北极驯鹿,那么北极驯鹿是什么样的动物呢?

北极驯鹿主要栖息于寒带、亚寒带森林和冻土地带,体型属中等,体长100~125厘米,肩高100~120厘米,雌鹿一般可达150千克,雄鹿90千克左右。雌雄鹿都长有树枝状的角,幅宽可达180厘米,每年更换一次。驯鹿一般在5月脱去棕色的毛,9月开始长出颜色稍淡的冬毛,在御寒的同时把自己隐藏在冬雪的颜色中。驯鹿一般在北极暖季走近北极,主食地衣、苔藓等低等植物,偶尔在迁徙途中吃一些枝叶、嫩草。驯鹿喜欢成群结队地待在一起,一起觅食,一起迁徙。

北极驯鹿一般在9月中旬至10月交配。雌鹿怀胎7~8个月产仔,幼仔哺乳期5~6个月,此后随大部队一起生活。驯鹿种群里雌鹿占据上风,处于领导者的地位,在战斗中往往也是它们打头阵。

69. 南极地区有昆虫吗

南极地区有昆虫吗？

南极地区藏有昆虫达 150 多种，其中多为海鸟和海兽身上的寄生虫，名副其实的南极昆虫有 50 多种。为了能在极地生存，这些昆虫身体的颜色通常都比较深，更利于它们的身体吸收热量。南极的暖季是没有黑夜的，阳光 24 小时照耀在昆虫黑色的身体上，让它们尽情地吸收热量。然而一到冬季，这些小生命就冬眠了。

无翅南极蝇是南极最大的昆虫，体长 2.5～3 毫米，以苔藓和地衣为食。尖尾虫在南极分布很广，和扁虱一样与苔藓一起生活，以藻类为食。蜘蛛是南极地区的"土著居民"，主要靠捕食其他小昆虫为生。除了这些陆地昆虫外，南极的淡水池塘、浅滩、沼地、溪流和湖泊中还有一些水生昆虫，包括种类稀少的甲壳类动物，如扁虫、水蚤，以及以苔藓和藻类为食的红棕色缓步类动物。

为了抵抗严寒，南极昆虫一年中大部分时间都在冬眠。为了繁衍生息，它们一苏醒过来就开始紧张地交配繁殖。这些都是它们能在南极长期生存的原因。

蜘蛛

企鹅

70. 为何在北极看不到企鹅

众所周知，企鹅主要生存在南极，在同样是极地的北极却不曾看到它们的身影。

其实，在很久以前，北极地区有过一种"北极大企鹅"。这种像穿着晚礼服的"绅士"身高可达60厘米，有棕色的头部、黑色的背部羽毛和白白的肚皮。它们遍布北极，曾多达几百万只。但是，北欧海盗大约在1000年前率先发现了它们，厄运便随之降临了。随着北极探险热的兴起，大企鹅成了探险家、海盗、航海者和土著居民竞相捕杀的对象。长达几世纪的残酷屠杀，最终导致了北极企鹅灭绝的命运。

地球上20多种企鹅都分布在南半球，为什么它们不能来到北半球呢？可能是因为企鹅们无法忍受赤道的暖水。企鹅适宜生存的环境在零摄氏度以下，赤道温暖的水流和极高的温度形成了一道不可逾越的鸿沟，把企鹅阻挡在南半球。

71. 极地鳕鱼抗冻有何"妙招"

鳕鱼在南北极都有分布,这种看起来与普通鱼类无异的鱼是怎样抵挡极地严寒的呢?

鳕鱼属于中小型鱼类,最大体长可达 36 厘米,大嘴嵌在大头上,配有细长的身体,体色多种多样。鳕鱼是典型的冷水性鱼类,所处的水温不能超过 5 摄氏度。这一特性使它们出现并生活在极地的海域。北极鳕鱼主要生存于巴伦支海的结冰区边缘,南极鳕鱼则游弋于边缘海域,主要捕食一些浮游生物和小型鱼类。

北极鳕鱼分布的地方位于寒暖流交汇处,而且它们只在北极暖季的时候出现,极夜来临之前便已经游离。所以,北极鳕鱼并不需要太多的抗寒能力,肌肤表面和皮下脂肪足以对付低温。南极鳕鱼是世界上最不怕冷的鱼,它们在零下几十摄氏度的浮冰下面依旧自由自在地觅食,为什么它们可以做到这一点呢?原来,这种鱼的血液中含有糖肌,就像冬天给汽油里加的防冻剂,让它们在冰冷的水里不至于僵硬。

极地鳕鱼

72. 极地地衣有什么特点

　　一天，一块在博物馆里陈列了十多年的地衣标本偶然沾到了一点儿水分，结果这块地衣竟神奇般地再度生长起来。这就是地衣——生命力特别旺盛的地球生物。

　　地衣是真菌与光合作物之间稳定而又互利的联合体，也被看作是真菌的一种。全世界已被记录的地衣有500多属，26000多种。从赤道到两极，从火山到冰原，到处都有它们的身影。那么，在寒冷的极地生长的地衣与其他地方的地衣相比，有什么独特之处呢？

　　地衣是极地最多见的植物种类，它们的形态多成枝状，因为这种形态需要的水分少且消耗的能量也比较低，使其适宜在极地恶劣的环境中生长。极地地衣的另一特性——极度耐寒，使它们能够在南北极寒冷的环境里安之若素。据生物学家实验证明，即使在零下198摄氏度的环境里，南极地衣照样能够生存。在极地的一年中，只有一天为地衣的生长活跃期，南极这些长达13厘米的古老生物证明着它的坚持。

　　种类多、多枝状、极耐寒、生命力旺盛组成了极地地衣的主要特点。

极地地衣

海鸟

73. 海鸟在极地如何生存

平静的海洋共长天一色，飞来飞去的海鸟偶尔鸣叫着。这是一幅多么和谐的画面。如果把这些顽皮的海鸟移到冰雪极地，它们是怎么生存的呢？

每年，成千上万的海鸟迁徙到南北极生活，来自白令海峡的北极鸥、来自俄罗斯的罗斯氏鸥和来加拿大的小雪雁等都飞向北极地区，而信天翁、海鸥和蓝眼鸬鹚等海鸟成群结队飞往南极。

较低的气温使海鸟必须补充大量的食物来供给自身的能量需求。在北极丰富的鱼类和浮游生物为海鸟提供大量的食物来源，海鸟可以放心地在北极繁衍下一代。而在南极，丰富的磷虾资源不仅给了企鹅和雪海燕定居下来的理由，还给了海鸟迁徙至此的最佳回报。

对迁徙到极地的海鸟来说，低温寒冷的环境对它们的影响并不大，它们只需要吃饱喝足，保证足够的能量供应便可自由活动。另外，极地海鸟颜色多白，使它们隐藏在极地雪色里不容易被天敌发现。

充足的食物和周全的自我保护是海鸟能在极地生存下来的两大条件，缺少其中的一项将不存在极地海鸟群。

74. 鲸鱼能在极地存活吗

凶猛的鲸鱼是海洋中的霸王，不管是大鱼还是小鱼都会远远地躲开它。这庞大的水中动物能否在极地冰冷的水域中生存呢？

鲸鱼只有在夏天的时候来到南极。其中，最常见的鲸类是小鳁鲸，它们是须鲸类中最为矮小的一种。巨大的座头鲸也不远万里从热带水域来到南极做客，大量的食物来源让它们在短短的4个月里就可以储存可供一年用的脂肪。

是什么让鲸鱼不惧严寒来到南极生活呢？在南极相对生机勃勃的暖季，在环境允许的情况下，巨大的诱惑——磷虾是动物们造访南极的目标。磷虾是南极食物链上非常重要的一环，娇小的体型、惊人的数量和丰富的营养使它成为很多动物的首选食物。

北极最大的鲸是格陵兰鲸，身长20～22米，体重150吨，一生都在北极度过。长相奇特的一角鲸是北极特有的品种，身长4～5米，头上的"角"其实不是角，是大牙，长约1～2米，当地人就叫它"独角兽"。

为了生存，鲸鱼也可以在极地生活，皮下厚厚的脂肪层帮助它们抵御寒冷，是它们能像在温暖海域一样凶猛的重要条件。

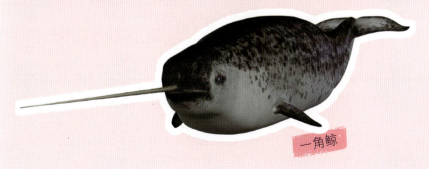

一角鲸

75. 什么是北极苔原

苔原主要指北极圈以内及温带、寒温带的高山林线以上的一种以苔藓、地衣、多年生草类和耐寒小灌木构成的植被带，也称冻原。北极苔原就是北极圈以内的苔原。确切地说，北极苔原是北冰洋海岸与泰加林带之间广阔的冻土沼泽带，总面积达1300万平方千米。

苔原气候属荒漠气候，年降水量仅200毫米。在北极苔原冻土厚达488米的生态系统中，食物链的底端主要是地衣，其他生物直接或间接靠它维系生命。仅在夏季融化的上层融冰土不足50厘米，且缺乏氧气和营养，这导致苔原上植物稀少且多矮小。爬地柳和黑鱼鳞松御风生长，连山酸模和冰山苞莨也凌冰盛开。夏季的苔原还密布着湖泊和沼泽，水草也算丰美，有水鸟降临，也有许多其他动物。但是到了北极的冬季，冻土完全冰封，苔原一片荒凉。

北极苔原可以称得上是北极的"绿洲"。灰熊、北极狐和北极狼喜欢栖息在苔原，它们在捕食弱小动物的同时，也食用一些植物均衡营养。

有研究指出，苔原冻土带融化也将加速全球变暖。因其封存的碳是大气中碳含量的两倍，一旦融化将极大地增加空气中的二氧化碳。

北极苔原这个独特的植被带在世界气候中发挥着重要的作用，破坏它也会间接地危害人类生存。

76. 磷虾怎样在南极存活

南极磷虾

磷虾大量地生存于南极，估计有上亿吨。这么多的磷虾是怎样存活的呢？

在南大洋，环绕南极大陆有一股寒流，在向北流去的时候呈下沉状态，来自太平洋、大西洋和印度洋的暖流在向南流的时候遇到下沉的寒流就会被迫上升，形成上升流。这股上升流会把海洋底部的营养物质带到海洋表层，再加上水温适宜，微生物大量繁殖，给磷虾提供了充足的食物。南大洋是比较稳定的海洋，终年低温，盐度也无太大变化，这让在南极土生土长的磷虾骄纵起来，只能在 0.64～1.32 摄氏度的低盐水域中存活。生物本能的适应能力让南极磷虾只适宜在南极存活，其他海域中无法看到磷虾的身影。

南极磷虾的繁殖期是 1 月～3 月，雌虾产卵多达数千粒，虾卵脱离母体边下沉边孵化。它们在冰冷的海水里发育缓慢，要经历 5 个阶段多次蜕皮才能长成 6 厘米长、2 克重的成虾，生长期达三四年之久。磷虾弱小的身躯使它们多群栖生活，在南极的冰下繁衍至今。

南极磷虾虽然数量繁多，但是同样面临着威胁。人类在南极对磷虾盲目过度的捕捞势必造成南极生态系统的破坏。保护磷虾也是保护南极生态的重要一环。

77. 南极极端环境下，生命的毅力达到何种地步

众所周知，南极是世界上最冷的地方，在这样极端的环境下，生命的毅力究竟达到何种地步？

南极地区好像不具备让植物存在的理想环境——没有温暖的阳光、没有肥沃的土壤，但是地衣、苔藓还是出现了，藻类还是繁衍着，花朵还是开放了。奔跑的生命也四处活动，企鹅熟练地凿冰觅食，海豹在冰下自在行动，连小昆虫们也不甘落后。飞翔的生命也降落了，各种海鸟低旋在海面上。

近期研究发现，南极冰层下存在生命。南极冰盖下藏有大大小小的湖泊，科学家在对它们进行研究时发现，这忍受着无边黑暗与寒冷的地下湖有细菌存活。南极冰盖下的湖泊至少隔绝了2800年，地下湖泊的盐水中不含氧气，呈微酸性，并且含有有机碳、氢分子和氧化与还原的有机物。

没有任何有机质的内陆，每半升冰雪中就有一个细菌存活。

大自然给的条件那么苛刻，生命还是在扩张着。越是微小的生命，越懂得珍惜生命存在的意义，不放过任何可能存活的机会。

南极地衣与藻类共生，成为一种复合植物体。

虎鲸

78. 海豹猎捕企鹅为什么要提防虎鲸

在南极，善于捕杀企鹅的海豹在下水前总要"探视"一番，这一奇怪的举动引起了人们的好奇。海豹为什么要这么做呢？

原来海豹们在观察水中的动静，时刻提防着南极海中霸王——逆戟鲸。

逆戟鲸也就是虎鲸，是海豚科中体型最大的一种，身长通常8～10米，重约9吨。虎鲸背部呈黑色，腹部为灰白色，背部中央的三角形背鳍长达1米，大大的嘴巴能把一只海狮整个吞下。虎鲸生性凶猛，善于攻击，喜欢捕食企鹅和海豹，有时甚至攻击其他鲸类。虎鲸喜欢群居生活，彼此相互照应。

虎鲸还被称为"语言专家"，能发出62种不同的声音。这主要表现在捕猎方面。在捕食鱼类时，它们会发出类似拉扯生锈门窗的声音，鱼类收到这恐吓的信号就会失常。虎鲸们还能发出超声波来寻找食物，并且判断食物的大小和所在方向。

虎鲸捕猎的方式多种多样。有时候它们会装死等猎物接近，有时候会故意搁浅趁机捕杀海狗或海狮，有时候会组成强大的团队无往不利。聪明的头脑加上强大的身躯使虎鲸在南极海域里无所畏惧。

79. 冰藻是如何生存的

南极冰底层和断面上带有浅茶色甚至褐色层，经生物学家研究，发现了藏匿于海冰中的生物——冰藻。在海冰中存活的冰藻是如何生存的呢？

海冰的冰晶间充满了空隙，肉眼不能观察的空隙却是微型藻类的好去处。冰藻靠吸收海水的营养盐和光能进行光合作用。可是由于海冰对光反射和吸收，抵达冰藻的太阳光强度仅有原来的百分之一。微弱的光照条件和冰点左右的低温还是造就了冰藻这种生物。

冰藻在南极固定冰区和浮冰区广泛存在。冬季，冰藻依赖微弱的光进行光合作用，制造有机物并储存在细胞里。冰藻的营养十分丰富，能量很高。这一点是使它成为众多浮游动物喜欢食用的原因。到了夏季海冰融化，冰藻便开始在海水中生活。夏天的冰藻分外活跃，它充分利用短暂夏天带来的充沛阳光迅速生长繁殖，碧蓝的大海会因为它变成绿棕色。并且，冰藻对紫外线辐射有着极强的吸收能力，从而保护了南大洋里的生物免受紫外线的侵害。

80. 南极为什么禁狗

1991年西班牙马德里发布了南极禁狗令：狗不宜进入南极大陆和冰架，南极区域所有的狗都要在1994年4月前离开。禁令颁布之后，南极科考队员只得遵照并送走了爱犬，与自己的伙伴依依惜别。从此，到达南极的科考队再无狗的陪伴，南极大陆成为世界上唯一没有狗的地方。那么，南极为什么要禁狗呢？

在南极的发现与研究过程中，狗称得上是一个"功臣"。在轮船等先进的代步工具无法在冰上活动时，狗狗们责无旁贷地担当了交通的责任，灵活地拉起雪橇代替人类缓慢的步伐。慢慢地，随着机械化水平的大幅度提升，狗的作用便不再举足轻重了。代步的功能消失后，到达南极的狗就只剩下了宠物的作用。南极本来没有狗的环境也随着狗的进入带来了一系列麻烦。南极动物们可能会感染狗携带的病菌，不具备抗体的它们可能会灭亡。狗排出的粪便也没有微生物消解，会造成一定程度的环境污染，而且还会破坏南极已经形成的食物链结构。出于各个方面的考虑，于是南极禁狗。

81. 南极"不冻湖"和外星人有关吗

在没有人类定居的南极，会不会有着不为人知的一面？比如，很多人怀疑：外星人是否看上了这荒凉的广大地域并驻扎下来了呢？

在南极的冰封世界，冰盖既厚又坚。但是范达湖卓然不群，被称为"不冻湖"。日本学者鸟居铁1960年在南极科学考察中，到达位于罗斯岛东北方向的赖特谷，记录了"不冻湖"的探索情况。"不冻湖"表面有薄冰层，冰层下水温接近冰点。奇怪的是，越往深水处，水温越高，到60多米深的湖底，水温可以达到25摄氏度。类似的"不冻湖"还有很多。是什么原因造成"不冻湖"如此反常？

有人猜测可能在"不冻湖"湖底下存在着由外星人建造的UFO基地，因为散发热能导致坚冰融化，从而形成"不冻湖"。当然，这只是猜测，真相仍然不明，科学家们尚未给出可信的定论。

目前，关于南极存在外星人的报道主要在小范围传播，很多是传闻。南极还从来没有外星人或清晰的UFO飞行物出现在大众视野。我们不能肯定南极有外星人，也没有办法断定南极没有外星人。南极是否有外星人，只能留待进一步的科学考察和研究。

在南北极考察的路途中，多少人前仆后继，为走向南北极做出不可磨灭的贡献？成功抵达的他们怎样打败严寒在南北极生存？土生土长的爱斯基摩人是否和我们一样？走近南北极，走进极地人的生活，让我们看看发生了什么。

第四章 人类在南北极的神奇活动

82. 第一个证实北极是海洋的人是谁

早期，人们并不知道北极是冰封的陆地还是覆冰的海洋，在多数人都忽略了对它的求证时，南森一马当先，开展了对北极的研究。

南森出生于挪威的富裕家庭，受过良好的教育，19岁便进入大学读动物学。南森对北极毫不松懈地探索源于1882年。他乘船到格陵兰水域做调查研究，并产生了强烈的好奇心：格陵兰水域的水越过北极圈的界限变成了什么？

1888年5月，南森离开挪威到格陵兰岛考察，并成功完成探索。在此过程中，南森研究了爱斯基摩人并出版了《爱斯基摩生活》。1893年6月24日，南森为验证北极是海洋的猜测，他驾驶"前进"号前往北极，1895年3月14日，南森离开与冰冻在一起的船只，带领队员们前往北极考察，在经历无数磨难后，南森终于安全回国。同时，"前进号"在洋流的带动下，安全通过了北极海区，首次向世界证明了北极是海洋。

南森一次次想要跨越北极点，都以失败而告终，但他却在这失败的曲折中探索出新的道路。

83. 第一个走向南极的人是谁

1772 年 12 月，英国探险家詹姆斯·库克经过精心准备，从南非出发前往南极，吹响了人类探索南极大陆的第一声号角。

詹姆斯·库克于 1728 年出生，他的成长年代正值西方探险高潮迭起时期，这对他产生了很大的影响。库克因三次探险而闻名于世。当时有一种猜想说，以南极为中心还有很大一片陆地。英国政府为了抢先发现并占领这片土地，便派遣库克前往探索。1768 年，库克船长驾驶"奋进号"出航，发现了新西兰以及附属的夏洛特皇后湾。1772 年，库克船长驾驶"决心号"和"探险号"继续南征，于 1774 年到达有史以来人类到达的地球最南端——南纬 71 度 10 分，最终因为冰山的阻隔无法继续前进。最后一次探险与南极无关，库克为前往富饶的亚洲探索西北航道。自此，探索南极大陆成为人类的又一目标。

由存在南极大陆的猜想发展到库克迈向南极的第一步，为最后南极大陆的发现做出了实质性的贡献。当想法浮现在脑海，我们不妨迈开步子行动，因为你永远都不知道前面会有怎样的结果在等着你。

84. 征服北极点的人是谁

地球的版图是一步步被完善的，北极在被推测存在之后，是谁第一个为了验证它的存在而不顾一切地奔赴？是谁第一个为到达遥远的北极点历尽千辛万苦，终于在白发苍苍之际收获硕果？

早期人们对北极的向往来自对未知宝藏的渴求。一个世纪以前，为了打开宝藏的大门，英国政府曾拨出一笔奖金奖励第一个到达北极点的人。罗伯特·皮尔里为了荣誉而战，不断为靠近北极点而努力。

在正式进发之前，皮尔里做了一系列的准备。他先驻扎在格陵兰岛做冰上徒步和雪橇队行进训练，同时增进自己的学识。终于在1902年，皮尔里在格陵兰岛北岸向北极行进，却因为无法穿越冰冻的北冰洋而以失败告终。在这次探索中，皮尔里在北纬80度附近建的几座仓库和对北极气候的进一步了解都为新的探索提供了便利。

之后的几年里，罗伯特·皮尔里一直不曾放弃自己的目标。在爱斯基摩人的帮助下，皮尔里分别在1905年、1906年和1908年进行了三次更深层次的探险，却都以失败而告终。1909年3月，54岁高龄的皮尔里再次组织北极探险，经历艰苦卓绝的历练，终于成功到达北极点。

85. 征服南极点的人是谁

作为有着最恶劣环境的南极地区，征服者必然要经历非比寻常的磨炼才能成功抵达南极点，这个成功树立的榜样究竟是谁呢？

第一个到达南极点的人就是挪威的极地探险家——罗尔德·阿蒙森。喜欢滑雪旅行和探险的阿蒙森从小便学着掌握旅行探险的各方面知识，从未消退的热情和好奇帮助他一次次成功猎奇。

1897年，阿蒙森加入比利时探险队，进行了第一次南极探险活动。1909年，阿蒙森本打算第一个征服北极点，却被罗伯特·皮尔里捷足先登。于是阿蒙森毅然改变计划向南极点进发。1910年8月9日，阿蒙森带领同伴驾"费莱姆"号探险船从挪威出发去往南极点。阿蒙森一队历时4个多月穿过南极圈进入浮冰区，在1911年1月4日到达鲸湾。自此之后的10个月里，阿蒙森在鲸湾做了征服南极点的充分准备。1911年10月19日，阿蒙森率领5名队员从鲸湾出发开始征服南极点。事先充足的准备加上天气的配合，他们每天行进30千米，不到两个月的时间，终于于1911年12月14日顺利抵达南极点并测算出南极点的精确位置。

阿蒙森的成功占尽了天时、地利、人和，各个方面的完美配合成就了征服南极点的罗尔德·阿蒙森。

86. 向南极点的征程中，斯科特为何落后

1910年8月9日，挪威极地探险家罗尔德·阿蒙森出发征服南极点，却在途中得知：英国海军军官罗伯特·福尔肯·斯科特早在两个月前就已经出发了。但最后，在这场极地的角逐中，阿蒙森取得了第一，是什么阻碍了斯科特前进的步伐？

原来斯科特驾驶"新大陆"号离开欧洲后，历时一年，于1911年6月6日到达麦克默多海峡，等待夏季再向南极点进发。10月19日，当阿蒙森一队已经离开鲸湾向南极点前进时，斯科特一行却被疾病和恶劣的天气束缚了手脚。直到11月1日，斯科特探险队终于从营地出发。虽然正值南极的夏季，极端的坏天气还是不饶人。在艰苦的行程中，咄咄逼人的暴风雪一路相随，使得本就十分曲折的路线更加寸步难行，斯科特一队不得不延迟了行进的时间。

1912年1月16日，斯科特带领队员忍受疲劳、寒冷、饥饿的三重折磨，征服南极点。可是，冰原上飘动的挪威国旗刺伤了斯科特的心，他们怀着悲恸的心情于1月18日踏上了返程。但是，更不幸的事情发生了。在连续不停的暴风雪的折磨下，饥饿和寒冷让他们越来越虚弱，3月29日，斯科特写下最后一篇日记后便离开了这个世界。

阿蒙森的成功离不开天气的配合，无法改变的暴风雪死死地拖住了斯科特并把他拽向了死亡。但斯科特的贡献不会被抹杀，英国国王追封他为骑士，美国人以他的名字命名了南极考察站。

87. 南极有哪些类型的科学考察站

冰雪覆盖的南极地区，毫无人迹的数千万年来，隐藏了丰富的资源。为了全面地了解并利用南极，世界各国纷纷在南极建立了科学考察站。

数目众多的各国考察站可根据其功用分为三类：常年科学考察站、夏季科学考察站和无人自动观测站。其中常年科学考察站有50多个，探险队需常年留在南极考察。中国的昆仑站、长城站和中山站都属于常年科学考察站。夏季科学考察站有100多个。中国目前没有夏季科学考察站。而无人自动观测站各个国家都有筹建。

科学考察站一般都选建在南极大陆的沿岸和岛屿的夏季露岩区，但有6个科学考察站选择了迎难而上建在内陆冰层区。美国、俄罗斯和日本、法国、意大利、德国6个国家在南极内陆冰原上建立了5个常年科学考察站，还有一个是南极所有的科学考察站中海拔最高的一个——中国昆仑站，中国人民以惊人的毅力克服重重困难，在海拔4093米的"南极之巅"建立了昆仑站。

科学考察站是人类对未知领域探索的合理步伐。南极考察的进展是有目共睹的，相信不久后的一天，人们能够更充分地了解南极和发挥它的作用。

88. 谁先"飞越"了北极点

1903 年 12 月 17 日,美国莱特兄弟成功发明并试飞第一架飞机。那么,在北极探险中,是谁第一个"飞越了"北极点?

1926 年 5 月 9 日,美国极地探险飞行家伯德和贝内特驾驶飞机从斯匹兹卑尔根的王湾出发,飞越北极并在北极上空盘旋了一圈。但是他们并没有进行任何的实地考察和探测,因此他们拿不出任何证据证明他们是否到达北极点。

人类首次飞越北极点是在 1926 年 5 月 12 日凌晨,挪威探险家阿蒙森、美国探险家爱尔斯沃斯和意大利飞艇设计师诺比尔同样从王湾出发,驾驶飞艇"诺加"号,经历 16 小时 40 分钟的长时间飞行后顺利在北极点降落。他们欢呼雀跃的同时,在北极点插上了挪威、美国和意大利的国旗。这次探索的成功使阿蒙森成为第一个到过两个极点的人。

第一个飞越北极点的是三个人,这三个人是驾驶飞艇到达北极点考察的。而第一次乘飞机飞越北极点的是 1937 年的两个前苏联人,第一次"游"到北极点的是 1958 年的美国潜艇。这么多第一,是不同状态下极地探险的不断发展。

89. 第一个横穿南极的中国人是谁

他曾在小学六年级的时候写了一篇名叫《长大要做探险家》的作文:"我要让我的脚印,踏遍世界的任何角落。"这句话一直激励他不断成长。他就是秦大河,第一个横穿南极的中国人。

1989年5月,秦大河以中国科学院兰州冰川冻土研究所副研究员的身份代表中国加入了由美、苏、法、日、德、中6国组成的"1990年国际横穿南极考察队"。

1989年7月28日,秦大河跟随队伍的其他5名队员从南极半岛的顶端出发,由西向东,开始他们横穿南极的征程。一路上没完没了的暴风雪加上暗藏杀机的地形,使得6人的行进益加缓慢,有时一天只能前进两三千米。10月中旬,考察队进入德雷克斯区时,气温骤然下降,每个人都有冻伤。11月10日考察队到达爱国平原,在比原定计划晚了25天的情况下,考察队员们制订了40天到达南极点的计划。天气依旧不见好转,考察队风雪无阻、日夜兼程,终于在12月12日到达南极点,比原定计划提前了8天。

背负科学考察任务的秦大河在探索中付出了难以想象的艰辛。在此期间,秦大河一共采集了800多瓶雪样,搜集了大量有关冰川、气候的资料,还圆满完成了观测任务。

90. "新新人类"怎样在北极点生存

高 新科技在 20 世纪 90 年代已经特别发达,生活在这样环境中的"新新人类"该怎样利用高科技手段,在北极点获得生机呢?

1994 年 3 月 2 日,挪威职业探险家玻基·奥伦斯独自一人从赛温拿出发,前往 965.6 千米外的北极点。

北极探险中最可怕的是北极熊,奥伦斯随身携带手榴弹和声光榴弹。他还会在夜间休息的帐篷四周装上警报器,以很好地预防北极熊的危害。

奥伦斯改装了雪橇,外面的罩子由不漏水的物质构成,捆起来又可以当小船用,可以用来对付冰原上不期出现的冰凉的河流。

随身携带的地球定位系统接收器可以让奥伦斯免去迷路的危险。无线电发射器可以将他所在的位置发送到工作地。有声通话系统使他可以与伙伴和家人保持联系。

通过谨慎的研究,燃烧值极高的庚烯燃料和涂有极佳隔热层的热水壶,保证了奥伦斯每天有条件可摄入 6200 大卡的热量。在穿衣保暖方面,奥伦斯也考虑周全:三层羊毛衬衣、纤维充填的夹克衫、保暖物质充足的防风外衣,多层衣物的叠加使得空气自由流动,有效防止了潮气积聚造成冻伤。

高新科技的完美配合使奥伦斯更加专注于极地考察,不为外事所累。

91. 爱斯基摩人住在南极还是北极

南极大陆是世界上唯一没有人类居住的大陆，常年零下几十摄氏度的环境和时常肆虐的 12 级以上的暴风雪导致这片荒凉的土地仅有少量低等植物和耐寒动物存活。与北极陆地在极圈边缘不同的是，南极陆地位于极点周围，加上南极极高的海拔，生命存活的概率就大大降低了。

爱斯基摩人是印第安语"吃生肉的人"的意思，爱斯基摩人并不喜欢这个名字，他们一般都自称"因纽特人"。爱斯基摩人属于东部亚洲民族，他们的祖先来自中国北方，据推测，大约是在一万年前从亚洲渡过白令海峡或者冰封的海峡路桥到达美洲的，但却遭到印第安人的追杀，爱斯基摩人一路逃脱躲进北极圈以内生活至今。其居住地域从亚洲东海岸一直向东延伸到拉布拉多半岛和格陵兰岛。

作为北极的土著居民，爱斯基摩人在北极生活了 4000 多年。爱斯基摩人都是矮个子、黄皮肤、黑头发，容貌特征与蒙古人相当接近，但研究证明，他们更接近西藏人。

爱斯基摩人被迫来到北极却奇迹般地存活了下来，长时间的生命抗战让大自然为之叹服。

92. 爱斯基摩人怎样生活

逃往北极地区的爱斯基摩人是怎样适应北极的环境，并形成一套爱斯基摩生活习性指南，一直在"冰窖"中生活至今呢？

爱斯基摩人一般都在海岸边安营扎寨，多捕食哺乳动物，食生肉，在北极夏季也采摘一些浆果。爱斯基摩人主要依靠海豹和加拿大驯鹿为生，它们的皮毛被做成御寒的衣裳，肥美的肉被用来当作食物，油脂用来照明或者烹饪，骨头则用来制作工具和武器。爱斯基摩人在祖先的经验总结中已经形成一套捕猎的方法，能够准确、快速地捕获猎物。

爱斯基摩人的居住方式因时间的不同而不同。夏天，爱斯基摩人居住在用兽皮搭成的帐篷里；到了冬天，则用冰雪、石块或者泥土块建造房屋御寒。

爱斯基摩人在过去的几千年里过着自给自足的小生活。直到16世纪，西方人打开了他们紧闭的大门，爱斯基摩人也渐渐被世界知晓。紧接着，金钱和疾病深深地影响了爱斯基摩人的生活。今天，爱斯基摩人的生活已经十分现代化了，木板房子、水上摩托、汽车、电视，甚至学校都走进了爱斯基摩人的生活。

93. 谁开启了"最北城市"

位于挪威属地斯瓦尔巴群岛的地理坐标为北纬78度13分、东经15度33分的朗伊尔城，堪称世界上的"最北城市"。

朗伊尔城是因为煤矿的开采而兴起的。1906年，美国人约翰·朗伊尔第一个到达这里开矿，于是便以他的名字命名这座由他开启的小城。

朗伊尔城地处极地冰原气候区，每年的11月到次年1月是极夜，却丝毫不影响人们正常欢欣的生活。长达几个月的极夜、强大的暴风雪和冰封的土地，这些共同构筑了独一无二的生活。这里陆地的60%都是被冰雪覆盖的，为了改善单调和预防雪盲症，人们都把房子装饰成五颜六色的。以前仅有矿业生产的朗伊尔城发展到今天，有了宾馆、餐馆、博物馆、教堂、医院、学校和报社。

因为特殊的地理环境，朗伊尔城每天都能看到极光。这座功能齐全的北方小城也成为旅游的胜地，游客多在春、夏季造访，进一步带动了"煤城"的现代化发展。

朗伊尔城还有一项特别的规定："禁止死亡"。因为这里气温极低，气候恶劣，尸体在朗伊尔城不能自然腐烂。他们一般会把将死或已死之人运出城，到挪威的其他地方治疗或安葬。

瞧，朗伊尔城就是这样一个城市。

最北的城市
——朗伊尔城

94. 第一个只身到达北极点的人是谁

前往北极点的路途崎岖复杂,探险的人无不结伴而行,却有一人冒着极大的风险单独前往北极,是谁如此果敢地面对一路上所有的凶险?世界著名探险家、日本登山运动员植村直己只身一人到达北极点,取得了宝贵的北极资料,得到了科学界的热烈赞扬。

植村直己首先乘飞机到达加拿大温哥华,在阿雷尔特基地做好了进行探险的一切准备。1978年3月6日,植村直己戴上特制的面具和眼镜,单人乘坐17只北极狗拉的雪橇,从哥伦比亚角海岸出发,开始了穿越长达800千米的冰封北冰洋的艰苦历程。一路上,横七竖八的乱冰块阻碍着雪橇前进的每一步,植村直己只得敲冰辟路,缓慢行进。1978年3月10日,一只北极熊攻击了植村直己的临时驻营,植村直己镇静地拿起枪打死了这只不速之客。1978年4月29日下午,植村直己成功到达北极点,历时55天的北极探险圆满结束。他同样也是到达北极点的第一个亚洲人。

1984年2月12日,一生致力于登山探险的43岁的植村直己葬身麦金利山,世界少了一双探索世界的双眼,但他那种锲而不舍、英勇无畏的探索精神将永远长存!

95. 极地探险队员穿什么

我们在相对于比较温和的冬天也穿得像一只笨重的企鹅，极地的严寒可以在几分钟内把暴露在外的肉体冻僵，那么探险队员穿什么衣服抵御极地的酷寒呢？

在极地穿的衣物要保护身体的所有部分。头部配有带拉链的兜帽，方便保护面部。兜帽毛皮外饰可以防止呼气带出的水汽结冰，有效地阻止了面部冻伤。外套可以用严密的丝织物，可以防止雪花的凝结，同时又有足够的透气性以便水汽的散发，否则会使水汽在衣物内冻结。皮革制品的外衣成为探险队员的理想选择。内层衣物则选用了隔热效果好的不透气材料。毛料衣服不易吸水，编织孔间的空隙能够使身体保存热量，即使在潮湿的状态下仍能保暖，是内层衣物的最佳选择。

鞋子多选长靴，可以把腿和脚连通起来共同保暖。海豹皮靴和防水帆布长筒靴有着坚实的鞋带和橡胶鞋底，隔热效果极好。袜子大多一层一层叠加在脚上，有时也裹上几层织物加厚保暖。

如果你有幸到极地探险，做好保暖工作是探险的第一步。如果不慎冻伤，将使接下来的工作无法顺利进行。

96. 人类在极地严寒中面临哪些危险

人类在极地会遇到各种各样的危险，单是严寒就会给人们带来许多麻烦。

首先，极寒造成体温过低。如果人体产生的热量少于散发的热量，就会使人的体温降到正常值以下形成体温过低现象。体温过低是极地暴寒状态下的常见病，体乏脱力、摄入热量不足、衣物过少、住所条件差等都有可能导致体温过低。体温过低轻者损害身体，重者可直接导致人的死亡。

其次，隐藏在严寒中的危险便是冻伤了。气温低于零下1摄氏度，人体肌肤就容易冻伤，身体会先感觉到刺痛，紧接着皮肤就会出现苍白的斑点，然后形成硬块。严重时可引起水疱并转为溃疡，最终变黑脱落。

最后，雪盲是极地特有的危险。雪盲是一种视力短暂消失现象。人们在雪原中长久地满眼都是白雪，无法找到视觉停留点而出现暂时看不见的状况。遇到这种情况时，必须到黑暗的地方蒙住双眼，防止眼部外露，并冰敷前额减轻疼痛。

这三种危险是极地严寒导致的典型危险，人们在极地探险时应注意这些危险并提早做好预防准备。

97. 罗斯发现了什么

詹姆斯·克拉克·罗斯于1800年4月15日出生于伦敦，仅11岁就成为海军士兵。曾两次随叔叔约翰·罗斯前往北极考察，四次随威廉·爱德华·帕里爵士寻找西北航道。那么，成年后的罗斯有哪些发现呢？

罗斯对人类认识南北极都有着卓越的贡献。1830年，罗斯乘雪橇到达北极，在横越布西亚半岛时发现了布西亚湾。1831年，罗斯在北纬70度05分17秒，西经96度46分45秒发现地磁北极，成为第一个发现地磁北极位置的人，并积累了地球磁场方面的知识。

1839年，罗斯随"黑暗"号和"恐怖"号前往南极寻找南磁极。1841年，罗斯穿越冰带，在南纬72度发现并命名了罗斯海和罗斯陆缘冰，把45～60米高的冰障命名为罗斯冰障。他还发现南极大陆最大的绿洲——维多利亚地。罗斯一行继续向南行进，在南纬77度30分发现了埃尔伯斯火山和泰罗火山。1842年，罗斯最先到达南纬78度09分30秒的地方。

罗斯一生主要的成就是发现地磁北极和罗斯海，这两大发现均在极地探索的艰苦环境中完成的。1862年4月3日，罗斯逝世。世界将铭记他杰出的极地领航作用。

98. 沙克尔顿为何一直失败

内斯特·沙克尔顿一生进行了三次南极探险，却都以失败而告终，这背后到底发生了什么？

1901年，沙克尔顿随斯科特前往南极探险，却因为经验不足在南极内陆出现坏血病的症状，最终被迫返回。沙克尔顿第一次南极探险就这样失败了。

不久，沙克尔顿自己重新组织了探险队。探险队先乘"猎人"号到达南极海岸，在南极海岸做好挺进南极的准备。1908年11月，沙克尔顿带领3人出发，却因为选错了交通工具使他们在距离南极点仅180千米的地方无法继续前行。第二次南极探险也失败了。但在整个探险路程中，虽然前进的速度较慢，食物的供给不够充足，沙克尔顿也没有放弃队友，强烈的团队精神使他分外强大。

1914年8月1日，沙克尔顿带领召集的27位骑士乘"坚毅"号离开伦敦去往南极。1919年1月8日，沙克尔顿到达南极边缘的威德尔海，"坚毅"号却深陷冰川无法动弹，沙克尔顿在毫无办法的情况下只得随冰雪漂移。10月27日，沙克尔顿下令弃船，尝试徒步前往南极点却受严重阻碍，只得在浮冰上生活。5个月后，沙克尔顿一行撤离到大象岛。为了拯救队员，沙克尔顿带着两名队员寻求救援，并成功救出了困在南极的所有队员。

一次次的失败对沙克尔顿来说并不算什么，他保住了一条条鲜活的生命，不愧为队友口中"最伟大的领导者"。

99. 南极现状如何

南极被认为是世界上唯一一个没有被污染的地方。经过多年来的探索发展，现在南极的面貌又是怎样的？

南极冰冻的环境还是一如既往，终年被雪覆盖，气候异常恶劣。南极点并不是固定的，覆盖在南极点上的冰雪会以每年10米左右的速度移动。所以，南极点的位置每年都要重新界定一次。

为了共同保护并利用南极，各国共同签署了《南极条约》，为以后南极的健康发展指明了道路。各国共同遵循的条约保全了南极的安宁，也使南极不因为人类的任意介入偏离了发展的轨道。

南极洲到目前为止无固定居民，仅有一些来自其他大陆的科学考察队和捕鲸队。夏季南极考察队员达2000～3000人，即使在寒冬，科技人员也有700多人。另外，随着南极旅游业的发展，越来越多的人走进南极、感受南极。

互动问答
Mr. Know All

十万个为什么

001. 南极在地球仪的哪边？

　A.上面

　B.中间

　C.下面

002. 南极圈纬度是多少？

　A.65度24分

　B.66度34分

　C.58度46分

003. 下列哪个大洋不在南极？

　A.大西洋

　B.印度洋

　C.北冰洋

004. 南极总面积约是多少？

　A.6500万平方千米

　B.6500平方千米

　C.2100万平方千米

005. 北极在哪儿？

　A.天边

　B.与南极相对，在地球的最北端，北极圈以内

　C.地球仪上

006. 北极的主要海洋是什么？

　A.大西洋

　B.印度洋

　C.北冰洋

007. 下列哪个陆地没有在北极圈内？

　A.欧亚大陆

　B.北美大陆

　C.南极大陆

008. 北极陆地总面积是多少？

　A.1200万平方千米

　B.2100万平方千米

　C.210万平方千米

009. 南极大陆最晚被发现的原因不包括下列哪一项？

　A.纬度最低

　B.周围环海

　C.气温低，且被冰覆盖

010. 南极大陆面积约是多少？

　A.1234万平方千米

　B.1259万平方千米

　C.1239万平方千米

011.南极所有的陆地统称为什么？

A.南极洲
B.南极大陆
C.南极陆地

012.南极大陆的轮廓像什么？

A.大象
B.猪
C.小猫

013.下列哪个岛不属于北极？

A.彼得一世岛
B.维多利亚岛
C.冰岛

014.北极陆地总面积约是多少？

A.800 平方千米
B.800 万平方千米
C.80 万平方千米

015.为什么陆地冰盖会移动呢？

A.因为冰雪自身的重量
B.因为它不固定
C.因为冰雪化了

016.北极大陆以什么为分界线？

A.北极圈
B.北回归线
C.赤道

017.深入大陆并逐渐减小的水域是什么？

A.海峡
B.海湾
C.海

018.连接海洋的狭窄水道是什么？

A.海峡
B.海湾
C.海

019.南极半岛尾部的海峡是哪一个？

A.台湾海峡
B.德雷克海峡
C.尼罗河海峡

020.下列哪个海不在太平洋的边缘？

A.威德尔海
B.罗斯海
C.别林斯高晋海

021.北极主要的大洋是哪一个？

A.北冰洋

B.印度洋

C.太平洋

022.下列哪个海不属于北极？

A.格陵兰海

B.喀拉海

C.死海

023.下列哪个海是根据航海的需要划定的？

A.白海

B.林肯海

C.拉普捷夫海

024.为什么北极之旅不能尽善尽美？

A.因为太冷了

B.因为茫茫海洋的阻挠

C.因为不好玩

025.哪个山脉把南极分成了两半？

A.横贯南极山脉

B.毛德皇后山脉

C.埃尔沃思山脉

026.南极最高峰是哪一个？

A.珠穆朗玛峰

B.文森峰

C.乔戈里峰

027.毛德皇后山脉是谁发现并命名的？

A.毛德皇后

B.查尔斯王子

C.阿蒙森

028.南极由于常年的寒冷和暴风雪造就的自然奇观是什么？

A.冰山

B.极光

C.暴风雪

029.几个大陆在北极有领域？

A.一个

B.两个

C.三个

030.北极多数岛屿形成的根本原因是什么？

A.全球变暖

B.海平面升高

C.冰雪消融

031. 下列哪个不是北极的山脉？

A. 斯堪的纳维亚山脉
B. 楚科奇山脉
C. 查尔斯王子山脉

032. 山脉位于北极的哪个位置？

A. 岛屿上
B. 北极地区的边缘
C. 北极点附近

033. 岩浆存在于哪里？

A. 地壳下 100~150 千米处
B. 地下 100~150 千米处
C. 100~150 千米处

034. 欺骗岛的名字是怎么得来的？

A. 几个渔民在雾中发现了它，可海水一涨，它又藏起来了，欺骗了纯朴的渔民，所以大家都叫它欺骗岛
B. 随便取的
C. 外语直译过来的

035. 埃里伯斯火山是谁发现的？

A. 阿蒙森
B. 罗斯
C. 斯科特

036. 南极有温泉吗？

A. 有
B. 没有
C. 不知道

037. 下列哪个不是冰岛的称号？

A. 火山岛
B. 冰火之岛
C. 白色沙漠

038. 冰岛有多少座火山？

A. 约 130 座
B. 约 100 座
C. 约 103 座

039. 火山有哪几种类型？

A. 活火山和死火山
B. 休眠火山和死火山
C. 活火山、死火山和休眠火山

040. 冰岛最高的火山是哪一个？

A. 艾雅法拉火山
B. 华纳达尔斯赫努克火山
C. 冰岛火山

041.冰山在什么作用下会更美？

　A.折射、反射、散射等光学作用下
　B.南极寒冷的环境里
　C.力学作用下

042.南极的冰山分为几种类型？

　A.五种
　B.四种
　C.六种

043.南极冰山的寿命一般是多久？

　A.10年
　B.9年
　C.13年

044.沿海居民难以生存的原因是什么？

　A.因为海水太咸
　B.因为潮水涨退不定
　C.因为全球变暖，冰川融化导致海平面上升

045.世界储量第二的水是什么？

　A.冰川水
　B.海洋水
　C.淡水

046.北极的冰川主要集中在哪里？

　A.冰岛
　B.格陵兰岛
　C.亚欧大陆

047.挪威探险家南森什么时候穿越的格陵兰岛冰原？

　A.1878年
　B.1889年
　C.1888年

048.冰川占据格陵兰岛的多少？

　A.85%
　B.86%
　C.75%

049.南极大陆上有河流吗？

　A.有
　B.没有
　C.不确定

050.河流的源头通常是哪里？

　A.山脉
　B.低洼地
　C.平原

051.南极河流主要分为哪两大类？
A.内流河、外流河
B.小河流、大河流
C.自然河、人工河

052.南极火山附近没有河流的原因是什么？
A.火把水烧干了
B.南极实在太冷了
C.火山附近的温泉不能流淌

053.北极有河流吗？
A.有
B.没有
C.不确定

054.北极有河流的主要原因是什么？
A.北极陆地主要在边缘地带，温度要比南极高
B.北极有北冰洋
C.因为南极没有

055.下列哪条河流是属于加拿大的？
A.勒拿河
B.马更些河
C.叶尼塞河

056.河流的哪一部分在北极？
A.上游
B.中游
C.下游

057.世界上最大的岛屿是什么？
A.维多利亚岛
B.格陵兰岛
C.巴芬岛

058.下列哪个岛是挪威的？
A.新地岛
B.扬马延岛
C.埃尔斯米尔岛

059.有"美丽花园"之称的岛屿是哪一个？
A.维多利亚岛
B.扬马延岛
C.巴芬岛

060.下列哪一个不是北极的群岛？
A.斯瓦尔巴群岛
B.马来群岛
C.新西伯利亚群岛

061.南极冰盖的总体积是多少？

A.1398 万平方千米

B.4200 万平方千米

C.2450 万立方千米

062.下列哪一个不是南极冰盖的特点？

A.温度低

B.平坦光洁

C.不固定

063.冰盖为什么不固定？

A.因为重力作用

B.因为下面是水

C.因为冰在融化

064.冰盖外围的冰叫什么？

A.陆缘冰

B.边缘冰

C.边缘冰盖

065.形成冰盖必需的步骤是什么？

A.寒冷的温度

B.大片的陆地

C.降雪

066.南极的哪里冰层最厚？

A.边缘地带

B.海洋

C.中心地带

067.中心冰层的平均厚度是多少？

A.4000 米

B.400 米

C.400 千米

068.有"杀人风"之称的是什么？

A.南极的风

B.北极的风

C.冰盖

069.冰芯是什么？

A.大块冰的内部

B.知名作家

C.冰的中心

070.冰的年龄是怎样得知的？

A.无法得知

B.通过特制的仪器

C.冰也有一圈一圈的纹路，如同树的年轮

071. 冰芯有什么特别的作用？

　A.降温

　B.构景

　C.研究古环境

072. 我国最深的冰芯是在哪里钻的？

　A.中国

　B.北极

　C.南极

073. 南极地下湖是哪国首先发现的？

　A.前苏联

　B.加拿大

　C.中国

074. 南极地下湖藏在哪里？

　A.4000米厚的冰层下

　B.山脉下

　C.湖泊下的洞穴里

075. 沃斯托克湖有多深？

　A.30米

　B.500米

　C.150米

076. 南极目前有多少地下湖被发现？

　A.30多个

　B.500个

　C.150多个

077. 我国已收集了多少块南极陨石？

　A.482块

　B.4842块

　C.一万多块

078. 南极陨石大多在什么地方？

　A.在冰面上或者碎石带

　B.冰盖下

　C.地下湖边

079. 下列哪一项不是南极多陨石的原因？

　A.暗色的陨石在冰雪里更容易发现

　B.南极像个大冰箱保藏着陨石

　C.南极的冰山多

080. 南极陨石有什么特点？

　A.无色

　B.数量多，种类齐全

　C.年代近，没什么价值

081. "地质"一词最早是谁提出的?
   A. 挪威人托马斯
   B. 三国时期的王弼
   C. 罗斯

082. 什么把南极大陆分成了两半?
   A. 横贯山脉
   B. 毛德皇后山脉
   C. 查尔斯王子山脉

083. 东南极洲和西南极洲哪一个比较大?
   A. 不确定
   B. 西南极洲
   C. 东南极洲

084. 西南极洲古老部分不是由什么组成的?
   A. 花岗岩
   B. 沉积岩
   C. 岩浆岩

085. 南极有无冰区吗?
   A. 不确定
   B. 没有
   C. 有

086. 南极无冰区占多少比例?
   A. 95%
   B. 5%
   C. 50%

087. 班戈绿洲的面积是多少?
   A. 500 万平方千米
   B. 500 平方千米
   C. 50 平方千米

088. 下列哪个不是南极的绿洲?
   A. 麦克默多绿洲
   B. 南极半岛绿洲
   C. 沙漠绿洲

089. 下列哪种矿产在南极不是世界第一?
   A. 煤
   B. 金刚石
   C. 石油

090. 下列哪个不是石油和天然气的主要产地?
   A. 楚科奇海
   B. 威德尔海
   C. 罗斯海

091. 南极矿产有多少种？
  A.20 余种
  B.220 余种
  C.2000 余种

092. 南极矿产一般不在哪里？
  A.南极半岛
  B.沿海岛屿
  C.中心冰盖

093. 俄罗斯科拉半岛主要有什么矿产？
  A.金矿
  B.铁矿
  C.银矿

094. 与科拉半岛相对的是什么？
  A.查尔斯王子山脉
  B.罗斯海
  C.毛德皇后山脉

095. 红狗矿山主要有什么矿产？
  A.锌、银、镭
  B.银、铅、镭
  C.锌、铅、银

096. 威尔士王子岛主要有什么矿产？
  A.重金属
  B.煤
  C.放射性元素矿石

097. 地貌是由什么决定的？
  A.地理环境和气候
  B.地形特点
  C.温度

098. 南极最常见的地貌类型是什么？
  A.冰川堆积地貌
  B.冰缘地貌
  C.冰蚀地貌

099. 冰缘地貌大多发生在什么地方？
  A.中心冰盖
  B.冰川富集区
  C.大陆边缘无冰区

100. 风蚀地貌的得力助手是谁？
  A.严寒
  B.凛冽异常的狂风
  C.大量冰川

101. 南极有土壤吗？

A. 不确定
B. 没有
C. 有

102. 南极底层的土壤是什么？

A. 永冻土
B. 潜育土
C. 泥土

103. 潜育土得名的原因是什么？

A. 发现这种土的科学家的名字叫潜育
B. 科学家即兴取的
C. 土是潜育作用形成的

104. 植物为什么不可以在南极土壤生长？

A. 因为营养成分不足
B. 因为植物不喜欢南极土壤
C. 因为水分不足

105. 每年地球大约会发生多少次地震？

A. 500 多次
B. 500 多万次
C. 50 多万次

106. 板块挤压力会造成什么？

A. 板块分离
B. 岩层断裂进而发生地震
C. 板块分散

107. 美国科学家研究认为南极无地震的主要原因是什么？

A. 巨大的冰层
B. 寒冷的气候
C. 山脉众多

108. 北极有地震吗？

A. 没有
B. 有
C. 不确定

109. 最高大陆南极大陆的平均海拔是多少米？

A. 2350 米
B. 2530 米
C. 2053 米

110. 除南极大陆以外的最高大陆是哪个？

A. 非洲大陆
B. 北美洲大陆
C. 亚洲大陆

111. 如果把南极冰盖剥离，南极大陆平均海拔为多少？

A. 410 米
B. 400 米
C. 140 米

112. 如果把南极冰盖去掉，其平均海拔高度会是第几名？

A. 第一
B. 第三
C. 倒数第三

113. 极光是一种什么现象？

A. 发光现象
B. 光线折射现象
C. 冰冻现象

114. 下列哪个不是极光的特点？

A. 瞬息万变
B. 千姿百态
C. 单一无趣

115. 极光的什么是不会改变的？

A. 出现地
B. 形状
C. 颜色

116. 极光多出现在什么地方？

A. 地球上空 30 千米处
B. 地球上空 2 千米处
C. 地球上空 90~130 千米处

117. 北极光能发出声音吗？

A. 不确定
B. 不能
C. 能

118. 北极光声音出现在什么地方？

A. 距地 70 米的半空中
B. 距地 120 千米的半空中
C. 距地 27 米的半空中

119. 北极光声音是哪里的科研人员确定其产生地的？

A. 阿尔托大学
B. 哈佛大学
C. 纽芬兰大学

120. 科学家通过什么发现了极光产生地？

A. 声讯系统
B. 雷达
C. 麦克风

121. 下列哪个不是极昼的名字？

A. 极光
B. 永昼
C. 午夜太阳

122. 北极在什么时间之后会出现极昼？

A. 夏至
B. 春分
C. 冬至

123. 南极极昼范围最大是什么时候？

A. 冬至
B. 夏至
C. 秋分

124. 极点一年中极昼有多久？

A. 十个月
B. 八个月
C. 六个月

125. 极夜会出现什么现象？

A. 气温上升
B. 没有黑夜
C. 一天中都是黑夜

126. 南极极夜在什么时间后会出现？

A. 冬至
B. 夏至
C. 春分

127. 北极极夜范围最大是什么时候？

A. 春分
B. 冬至
C. 夏至

128. 下列哪项不是极夜进行时发生的？

A. 万物生长
B. 植物失去活力
C. 动物冬眠或迁徙

129. 南极有几个季节？

A. 一个
B. 两个
C. 三个

130. 南极寒季是哪几月？

A. 12月～次年2月
B. 9月～12月
C. 4月～10月

131. 南极暖季是哪几月?

A. 4月~10月

B. 1月~6月

C. 11月~次年3月

132. 极光在南极的什么时候出现?

A. 寒季

B. 暖季

C. 夏季

133. 北极的季节分几个?

A. 四个

B. 三个

C. 两个

134. 北极的春季是几月?

A. 5月~6月

B. 7月~8月

C. 9月~10月

135. 北极最暖月是几月?

A. 6月

B. 7月

C. 8月

136. 北极有几个月是极夜?

A. 五个月

B. 六个月

C. 七个月

137. 南极史上最低气温是多少?

A. 零下89.2摄氏度

B. 零下70摄氏度

C. 零下30摄氏度

138. 北极年平均气温是多少?

A. 零下25摄氏度

B. 零下10摄氏度

C. 零下70摄氏度

139. 南极比北极冷的主要原因是什么?

A. 南极纬度更低

B. 南极外围环绕着南极寒流,北极却能得到北大西洋暖流的热量

C. 南极多陆地,北极多海洋

140. 南极寒流有什么作用?

A. 降温减湿

B. 增温增湿

C. 无作用

141. 把南极称为"白色沙漠"的直接原因是什么？

A. 南极有着与沙漠同样的特征。
B. 南极长得像沙漠
C. 南极到处是沙子

142. 南极大部分地区的年平均降水量是多少？

A. 500 毫米
B. 5 毫米
C. 55 毫米

143. 南极除了水分匮乏外还有什么与沙漠相似？

A. 有骆驼
B. 沙子多
C. 植被稀少

144. 为什么南极这个"沙漠"被称为白色的？

A. 因为南极的沙子是白色的
B. 因为南极是一个冰天雪地的白色世界
C. 没有理由

145. 目前记录的南极最大的风速是多少？

A. 75 米/秒
B. 100 米/秒
C. 45 米/秒

146. 南极的平均风速是多少？

A. 45 米/秒
B. 100 米/秒
C. 17.8 米/秒

147. 南极形成高气压区是什么原因？

A. 空气热胀冷缩
B. 南极海拔高
C. 南极有高雪山

148. 除了压强的原因，还有什么促成了大风？

A. 庞大的冰盖
B. 寒冷的气候
C. 南极的地势

149. 什么是雪冰？

A. 一种饮料
B. 一种冰的类型
C. 一位雪的类型

150.雪冰和我们生活里普通的冰有什么不一样?
A.没什么不一样
B.名字不一样
C.变成冰的来源不一样

151.雪花变成雪冰的第一步是什么?
A.粒雪
B.蓝冰
C.绿冰

152.下列哪一项不属于雪冰?
A.三明治冰
B.风化冰
C.干冰

153.能够使雪花变成雪冰的环境是什么样的?
A.极寒
B.极热
C.融化后结冰

154.雪花是如何形成的?
A.天空直接形成的
B.空中水蒸气遇冷形成的
C.上帝用纸剪的

155.雪冰有什么科学价值?
A.降温解暑
B.研究古时大气
C.保存生物

156.研究雪冰对当今世界有何意义?
A.使制冰水平更进一步
B.对南北极状况进行改善
C.有利于人们采取必要措施缓解全球变暖

157.蓝冰是由什么形成的?
A.水晶
B.海水
C.雪

158.蓝冰在形成初期是什么颜色?
A.乳白色
B.透明
C.蓝色

159.蓝冰是怎么形成的?
A.海水结成的冰
B.地形隆起
C.冰与冰挤压,空气排出,发生光的散射

160. 蓝冰是什么时期的冰？

A. 近代

B. 远古时代

C. 现代

161. 南极地区属什么气候？

A. 极地苔原气候

B. 极地冰原气候

C. 高山高原气候

162. 南极地区气候有几种特征？

A. 一种

B. 两种

C. 三种

163. 下列哪个不是南极酷寒的原因？

A. 降水少

B. 热量少且吸收少

C. 海拔高

164. 南极的什么特征使它被称为"白色沙漠"？

A. 酷寒

B. 烈风

C. 干旱

165. 冰盖的面积有什么要求？

A. > 5万平方千米

B. < 5万平方千米

C. = 5万平方千米

166. 冰盖还可以称为什么？

A. 冰山

B. 大陆冰箱

C. 大陆冰川

167. 冰盖的形成来源是什么？

A. 降雨

B. 海水

C. 降雪

168. 下列哪个不是冰盖的作用？

A. 降温消暑

B. 研究气候历史

C. 保护所属地的物体

169. 太阳能始终直射在地球哪里？

A. 南北极点

B. 南北回归线

C. 赤道

170. 太阳最远直射的位置是哪里?
  A. 南北回归线
  B. 赤道
  C. 北极点

171. 北极最外围纬度是多少?
  A. 23 度 26 分
  B. 85 度
  C. 66 度 34 分

172. 11 月～次年 4 月北极是什么样的?
  A. 极昼
  B. 极夜
  C. 昼夜更替

173. 什么是冷极?
  A. 南、北极以外的又一极地
  B. 最寒冷的地方
  C. 北极的别称

174. 最早被认定为冷极的地方是下列哪一个?
  A. 黑龙江省漠河
  B. 南极
  C. 北极

175. 冷极是固定不变的吗?
  A. 固定不变
  B. 南、北极更替
  C. 根据科学探测认定

176. 目前被冠以"世界冷极"称号的是哪一个地方?
  A. 南极
  B. 北极
  C. 黑龙江省漠河

177. 在北极形成什么气压带?
  A. 副极地低气压带
  B. 副极地高气压带
  C. 极地高气压带

178. 北极有风暴吗?
  A. 冬天风暴夹杂着雪花频繁出现
  B. 没有
  C. 春天和夏天风暴频繁

179. 副极地低气压带在哪里形成?
  A. 北纬 40 度
  B. 南纬 60 度
  C. 北纬 60 度

180.东格陵兰岛寒流与哪个洋流相对?

A.拉布拉多寒流
B.北大西洋暖流
C.墨西哥湾暖流

181.北极降水主要集中在哪里?

A.近海陆地
B.海洋
C.内陆

182.北极的年降水量是多少?

A.100~250毫米
B.500毫米以上
C.55毫米

183.北极的降水主要是什么形式?

A.雪
B.有雨也有雪
C.冰雹

184.北极降水主要集中在什么时候?

A.冬季
B.春季
C.夏季

185.地球面临的重大环境问题是什么?

A.经济危机
B.全球变暖
C.世界末日

186.赤道多余的热量到哪里去了?

A.天空
B.海洋
C.极地

187.冰有什么作用使它成为北极的保护层?

A.反射热量
B.降温
C.保存生物

188.北极对全球气候有什么影响?

A.调节温度
B.降低温度
C.保存生物

189.什么把北冰洋一分两半?

A.海盆
B.海沟
C.罗蒙诺索夫海岭

190.北冰洋的海底山脉罗蒙诺索夫海岭以东是怎样的环流?

A.顺时针
B.逆时针
C.同时进行

191.北冰洋不与哪个洋进行水量平衡交换?

A.大西洋
B.印度洋
C.太平洋

192.北冰洋最主要的作用是什么?

A.储存淡水
B.平衡热量
C.减低温度

193.北极点的最低气温是多少?

A.-71摄氏度
B.-59.9摄氏度
C.-69摄氏度

194.北极点受到哪支暖流的影响?

A.赤道暖流
B.墨西哥湾暖流
C.北大西洋暖流

195.北极最低温是在哪里测得的?

A.北极点
B.西伯利亚奥伊米亚康
C.格陵兰岛

196.什么人在奥伊米亚康地区生存?

A.霍比特人
B.雅库特人
C.爱斯基摩人

197.寒流有什么作用?

A.增温增湿
B.降温减湿
C.降温增湿

198.暖流有什么作用?

A.增温增湿
B.降温减湿
C.增温减湿

199.在南极有什么洋流?

A.南极暖流
B.南极环流
C.北角暖流

200. 洋流有什么重要作用？

A.增温减湿

B.降温增湿

C.平衡热交换

201. 北冰洋海冰不固定的主要原因是什么？

A.洋流运动

B.气流冲击

C.冰雪重量

202. 为什么北极没有久远的巨大冰盖？

A.温度不够低

B.洋流运动造成海冰不固定

C.夏天会全部化掉

203. 南极的冰量是北极的几倍？

A.五倍

B.十倍

C.一倍

204. 北极陆地冰为什么会移动？

A.洋流运动

B.全球变暖

C.冰雪重量促使冰由高向低移动

205. 臭氧层在哪里？

A.大气对流层

B.15～50千米处的大气平流层

C.大气层外面

206. 下列哪个不是太阳光的组成部分？

A.可见光

B.红外线

C.激光

207. 太阳光中哪一部分过量的话特别有害？

A.红外线

B.紫外线

C.可见光

208. 臭氧层有什么作用？

A.吸收紫外线

B.防护陨石

C.无作用

209. 海冰和海水哪个能更多地吸收热量？

A.海冰

B.海水

C.一样多

210. 全球变暖造成什么重大问题？

A.海平面上升

B.雨水增多

C.北极变冷

211. 温室效应的根本原因是什么？

A.二氧化碳量增多

B.海水融化

C.温度升高

212. 全球变暖对极地有什么影响？

A.无影响

B.只对温度有影响

C.温度上升造成海冰融化

213. 南极冰会"唱歌"的根本原因是什么？

A.冰块融化

B.冰里的高压气体被释放

C.杯子的作用

214. 南极冰会"唱歌"必然伴随着什么过程？

A.冰融化的过程

B.冰形成的过程

C.冰挤压的过程

215. 南极冰的美妙乐响来自哪里？

A.高压气体与水和空气发生碰撞

B.冰块与杯子碰撞

C.水与冰块摩擦

216. 南极冰中的气泡是怎么来的？

A.从空气中渗入的

B.化学反应生成的

C.冰形成过程中残留的

217. 乳白天空是南极的低温和什么的特殊作用？

A.冷空气

B.冰块

C.空气

218. 乳白天空的可怕之处是什么？

A.天与地太白

B.迷失方向

C.充满牛奶

219. 乳白天空怎样形成的？

A.光线的来回反射

B.大雪的覆盖

C.牛奶的倾入

220.乳白天空是真实的吗?

A.是真实的

B.是虚拟的

C.是幻境

221.斯瓦尔巴群岛由几个岛组成?

A.8 个

B.9 个

C.10 个

222.斯瓦尔巴群岛距离北极点有多远?

A.1194 千米

B.62049 千米

C.1750 千米

223.墨西哥湾暖流表面水温有多高?

A.25 摄氏度

B.15 摄氏度

C.3 摄氏度

224.暖流使斯瓦尔巴群岛比北极同纬度的其他地方的温度高出多少摄氏度?

A.3~6 摄氏度

B.5~8 摄氏度

C.10~15 摄氏度

225.南极有植物吗?

A.不确定

B.没有

C.有

226.为什么南极只有低等级的植物?

A.因为南极只有冰

B.因为南极没有阳光

C.因为南极没有充足的养分和阳光

227.企鹅在南极寒季怎样生存?

A.迁徙

B.冬眠

C.自生自灭

228.企鹅和海鸟为什么喜欢南极?

A.因为南极有它们的食物

B.因为南极很冷

C.因为它们只能生活在南极

229.南极有多少种植物?

A.850 多种

B.85 多种

C.3 多种

230.南极开花植物有几种?

A.3 种

B.850 多种

C.350 多种

231.开花植物在南半球的生长界限是哪里?

A.南纬 46 度

B.南纬 64 度

C.南纬 23 度 26 分

232.南极开花植物开什么样的花?

A.玫瑰那样的大花朵

B.大花球

C.小穗状小花

233.北极有多少种开花植物?

A.2000 多种

B.5 种

C.100 多种

234.北极苔藓有多少种?

A.2000 多种

B.500 多种

C.10 多种

235.北极特色植物景观是什么?

A.北极苔原

B.北极丛林

C.北极花海

236.北极为什么多常绿植物?

A.因为北极四季恒温

B.因为北极植物没有叶子

C.因为北极植物为了多吸收热量

237.下列哪个条件是不需要南极生物适应的?

A.高温

B.低温

C.干旱

238.下列哪一项是南极生物适应环境之举?

A.离开

B.改变代谢方式

C.死亡

239.哪一种生物选择休眠来适应南极环境?

A.轮虫

B.海藻

C.企鹅

240."冰雪藻"在黑暗中变成什么颜色？

A.淡蓝色

B.蓝绿色

C.白色

241.世界上大约有多少种企鹅？

A.200 种

B.20 种

C.7 种

242.在南极有多少种类的企鹅？

A.200 种

B.20 种

C.7 种

243.南极最小的企鹅是哪一种？

A.喜石企鹅

B.帝企鹅

C.帽带企鹅

244.帽带企鹅还被称为什么？

A.警官企鹅

B.贵族企鹅

C.浮华企鹅

245.企鹅的羽毛有什么特殊之处？

A.层数特别多

B.永不脱落

C.分内外两层

246.成年企鹅游泳时速是多少？

A.20～30 千米

B.2～3 千米

C.50～60 千米

247.企鹅在暖季的主要任务是什么？

A.养精蓄锐

B.筑巢

C.繁殖

248.企鹅在寒季干什么？

A.冬眠

B.尽情玩耍

C.繁衍后代

249.企鹅"幼儿园"的老师是谁？

A.贼鸥

B.大家推选的成年大企鹅

C.没有

250. 小企鹅什么时候进入"幼儿园"？

A. 孵化出来1个月后
B. 孵化出来3个月后
C. 孵化后当天

251. 下列哪个不是企鹅进"幼儿园"的原因？

A. 企鹅父母不管不顾小企鹅
B. 父母外出觅食无法看护
C. 小企鹅必须尽快地学会自立

252. 小企鹅什么时候离开幼儿园？

A. 长到2个月左右
B. 长到3个月左右
C. 长到4个月左右

253. 下列哪一部分不是北极熊御寒的身体条件？

A. 血液
B. 毛发
C. 黑皮肤

254. 北极熊的主食是什么？

A. 鱼类
B. 浆果
C. 海豹

255. 北极熊的主要进水方式是什么？

A. 海水
B. 冰化水
C. 动物血液

256. 北极熊一般在什么时节交配？

A. 春天
B. 夏天
C. 早冬

257. 海豹主要生活在哪里？

A. 两级海域
B. 北极点
C. 太平洋

258. 海豹御寒能力主要来自哪里？

A. 短毛
B. 皮肤
C. 皮下脂肪

259. 海豹什么时候到陆上活动？

A. 捕食时
B. 脱毛或者繁殖时
C. 冬眠

260.海豹游泳时速是多少？

A.27 千米

B.7 千米

C.100 千米

261.下列哪个不是极地海洋存在丰富生命的原因？

A.海洋阳光充足

B.海水含盐量大

C.上升流带来营养物质

262.南极海洋生物链最低端是什么？

A.磷虾

B.鲸

C.藻类

263.南极海域里数量最多的是什么？

A.鲸

B.磷虾

C.海豹

264.南极深层海域的海星是什么颜色的？

A.红色

B.蓝色

C.黄色

265.下列哪个不是白熊的栖息地？

A.海岛

B.冰山

C.海里

266.白鲸畏惧什么动物？

A.北极熊

B.北极狐

C.北极狼

267.北极狐冬天的皮毛是什么颜色？

A.雪白

B.青灰色

C.棕色

268.北极狼的主要猎物是什么？

A.驯鹿和麝牛

B.北极兔和旅鼠

C.海象和鱼类

269.北极驯鹿不在哪里生存？

A.寒带

B.热带

C.冻土地带

270. 驯鹿在什么时候长冬毛？

A. 5月
B. 7月
C. 9月

271. 北极驯鹿的主食是什么？

A. 树枝
B. 蝇子草
C. 地衣、苔藓

272. 驯鹿群里谁是领导者？

A. 小鹿
B. 雄鹿
C. 雌鹿

273. 南极昆虫共计多少种？

A. 150多种
B. 50多种
C. 100多种

274. 南极昆虫多是什么颜色的？

A. 黑色
B. 白色
C. 棕色

275. 南极的蜘蛛主要以什么为食？

A. 地衣和苔藓
B. 藻类
C. 小昆虫

276. 下列哪一种南极昆虫是红棕色的？

A. 扁虱
B. 无翅南极蝇
C. 缓步类动物

277. 北极大企鹅身高可达多少？

A. 80厘米
B. 60厘米
C. 30厘米

278. 什么人率先发现了北极大企鹅？

A. 探险家
B. 北欧海盗
C. 航海家

279. 北极大企鹅灭绝的原因是什么？

A. 不适应环境
B. 水源不足
C. 人类的屠杀

280.南半球的企鹅为何不北上北半球？

A.赤道太热

B.北极不够热

C.北极不够冷

281.极地鳕鱼最长可达多少？

A.36 厘米

B.50 厘米

C.15 厘米

282.北极鳕鱼多生存在哪里？

A.中心冰区

B.巴伦支海的结冰区边缘

C.北冰洋的无冰区

283.极地鳕鱼以什么为食？

A.浮游生物和小型鱼类

B.藻类植物

C.地衣、苔藓

284.南极鳕鱼抗冻有什么诀窍？

A.抗低温的肌肤

B.皮下脂肪

C.血液中含有糖肌

285.全世界已被记录的地衣有多少种？

A.26000 多种

B.500 多种

C.2000 多种

286.为什么极地地衣多枝状？

A.因为枝状地衣可以防止动物食用

B.因为枝状地衣需要更多的养分

C.因为枝状可以节省对水和能量的消耗

287.南极地衣除了能承受低温外还有什么特点？

A.多枝状

B.种类少

C.不容易存活

288.在极地，一年中有多久是地衣的活跃期？

A.一个月

B.一天

C.一周

289.通常罗斯氏鸥从哪里到北极？

A.白令海峡

B.俄罗斯

C.加拿大

290. 下列哪种海鸟飞往南极？

A. 罗斯氏鸥
B. 小雪雁
C. 蓝眼鸬鹚

291. 南极海鸟多以什么为食？

A. 鱼类
B. 磷虾
C. 藻类

292. 北极海鸟多食用什么？

A. 地衣等植物
B. 虾
C. 鱼类

293. 南极区域最常见的鲸是什么鲸？

A. 小鳁鲸
B. 座头鲸
C. 格陵兰鲸

294. 是什么吸引鲸鱼到南极去呢？

A. 适宜的气候
B. 大量的浮冰
C. 大量的磷虾

295. 下列哪一项不是磷虾成为动物最佳选择的原因？

A. 惊人的数量
B. 体型大
C. 丰富的营养

296. 一生都在北极的鲸是哪种鲸？

A. 小鳁鲸
B. 座头鲸
C. 格陵兰鲸

297. 北极苔原属什么气候？

A. 极地气候
B. 荒漠气候
C. 冰川气候

298. 北极苔原冻土带可达多厚？

A. 200 毫米
B. 50 厘米
C. 488 米

299. 下列哪一项不是北极苔原植物矮小的原因？

A. 阳光充足
B. 上层冻土仅融化 50 厘米厚
C. 冻土缺乏氧气和营养

300. 为什么冻土带融化会加速全球变暖?

A. 因为冰少了

B. 因为植物生长需要氧气

C. 因为冻土中封存的大量碳被释放会增加空气中二氧化碳的含量

301. 南极磷虾主要以什么为食?

A. 微生物

B. 幼小鱼类

C. 海水

302. 南极磷虾的适温是多少?

A. 零摄氏度以下

B. 0.64~1.32 摄氏度

C. 5~6 摄氏度

303. 磷虾的繁殖期是什么时候?

A. 12月~次年1月

B. 4月~6月

C. 1月~3月

304. 南极磷虾成虾的身长和体重通常是多少?

A. 长2厘米、重6克

B. 长1厘米、重3克

C. 长6厘米、重2克

305. 为什么说南极不具备植物生存的理想条件?

A. 虽然土壤肥沃但十分寒冷

B. 暖季炎热但没有土壤

C. 南极环境十分恶劣

306. 南极冰盖下的生命在哪里?

A. 冰层里

B. 土壤里

C. 地下湖泊里

307. 地下湖泊的水有氧气吗?

A. 没有

B. 有

C. 不确定

308. 地下湖泊的水是什么性质的?

A. 中性

B. 微酸性

C. 强酸性

309. 逆戟鲸和虎鲸是什么关系?

A. 逆戟鲸和虎鲸是相似的鲸

B. 它们是同一种海豚

C. 没有关系

310. 逆戟鲸的背鳍是什么形状的？
A. 四边形
B. 圆柱形
C. 三角形

311. 虎鲸能发出多少种声音？
A. 26 种
B. 62 种
C. 9 种

312. 下列哪个不是虎鲸超声波的作用？
A. 寻找食物
B. 恐吓鱼类
C. 判断食物的大小和方向

313. 冬季冰藻生长在哪里？
A. 土壤中
B. 海冰的冰晶间隙
C. 冰下

314. 下列哪项不是冰藻生存需要的？
A. 海水的营养盐
B. 光能
C. 浮游动物

315. 夏季冰藻生活在哪里？
A. 陆地上
B. 海水里
C. 海冰下

316. 冰藻靠什么保护南大洋的生物不受侵害？
A. 高营养
B. 数量多
C. 吸收紫外线

317. 南极禁狗令是什么时候颁布的？
A. 1991 年
B. 1994 年
C. 1997 年

318. 早期，狗在南极有什么作用？
A. 破冰
B. 代步工具
C. 水中探测

319. 代步功能消失后，狗在南极还有什么作用？
A. 宠物
B. 取暖
C. 破冰

320. 下列哪个不是狗对南极的危害？

A. 携带病菌

B. 狗粪污染

C. 愉悦人的心情

321. 南极范达湖是一个什么样的湖泊？

A. "不冻湖"

B. 干涸的湖

C. 高山湖

322. 范达湖有什么不同之处？

A. 越往深水处，水温越高

B. 越往深水处，水温越低

C. 水温接近沸点

323. 人们怎么样猜测"不冻湖"与外星人的关系？

A. 外星人排放的水形成不冻湖

B. 湖底下有外星人的 UFO 基地，因散发热能导致形成"不冻湖"

C. 湖水中有外星人的 UFO，因散发热能导致形成"不冻湖"

324. 关于南极是否有外星人，下面说法不正确的是哪一项？

A. 还需要深入的科学考察和研究

B. 目前无法断定南极有没有外星人

C. 南极肯定有外星人

325. 第一个证实北极是海洋的人是谁？

A. 南森

B. 库克

C. 查尔斯

326. 第一个证明北极是海洋的南森是哪国人？

A. 英国

B. 美国

C. 挪威

327. 南森出版《爱斯基摩生活》是在什么时候？

A. 1882 年调格陵兰水域之后

B. 1895 年带领队员前往北极之后

C. 1888 年考察格陵兰岛之后

328. 下列哪艘船帮助南森证明北极是海洋？

A. 前进号

B. 破冰号

C. 探险号

329. 下列哪项在第一个走向南极的詹姆斯·库克的成长过程中发挥着重要作用？

A. 西方探险高潮迭起

B. 皇家军队思想

C. 探险猜想

330. 第一个走向南极的人是谁？

A. 罗斯

B. 詹姆斯·库克

C. 威尔克斯

331. 什么时候库克到达当时地球的最南端？

A. 1728年

B. 1774年

C. 1768年

332. 1774年库克到达的地球最南端纬度是多少？

A. 66度34分

B. 70度11分

C. 71度10分

333. 早期人们对北极的向往来自什么？

A. 未知宝藏的渴求

B. 科学考察

C. 爱斯基摩人的邀请

334. 第一个到达北极点的皮尔里进军北极前在哪里做准备？

A. 冰岛

B. 格陵兰岛

C. 北冰洋

335. 真正成功到达北极点前，皮尔里共进行了几次尝试？

A. 两次

B. 三次

C. 四次

336. 皮尔里是什么时候到达北极点的？

A. 1908年

B. 1909年3月

C. 1902年5月

337. 第一个到达南极点的人是谁？

A. 皮尔里

B. 阿蒙森

C. 斯科特

338. 阿蒙森是什么时候前往南极点的？

A. 1909年3月

B. 1911年12月14日

C. 1910年8月9日

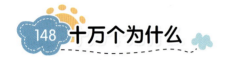

339. 阿蒙森一队在哪里休整了 10 个月？

　A.鲸湾

　B.南极圈附近

　C.浮冰区

340. 阿蒙森到达南极点是什么时候？

　A.1911 年 12 月 14 日

　B.1911 年 10 月 19 日

　C.1910 年 8 月 9 日

341. 斯科特什么时候出发去南极点的？

　A.1910 年 10 月

　B.1910 年 8 月

　C.1910 年 6 月

342. 斯科特一行在哪里做中转休息？

　A.麦克默多海峡

　B.鲸湾

　C.罗斯地

343. 斯科特离开营地向南极点进发是什么时候？

　A.1911 年 6 月 6 日

　B.1911 年 10 月 19 日

　C.1911 年 11 月 1 日

344. 斯科特到达南极点是什么时候？

　A.1911 年 12 月 14 日

　B.1912 年 1 月 16 日

　C.1912 年 3 月 29 日

345. 根据功用，科学考察站可以分为几类？

　A.两类

　B.三类

　C.四类

346. 南极常年科学考察站有多少？

　A.50 多个

　B.100 多个

　C.6 个

347. 有多少科学考察站建在了南极内陆冰层区？

　A.50 个

　B.5 个

　C.6 个

348. 中国昆仑站的海拔是多少？

　A.4903 米

　B.4093 米

　C.4309 米

349. 谁最早驾驶飞机飞向北极？

A. 阿蒙森
B. 伯德和贝内特
C. 莱特兄弟

350. 人类首次飞越北极点是什么时候？

A. 1903年12月17日
B. 1926年5月9日
C. 1926年5月12日

351. 第一个到过两个极点的人是谁？

A. 阿蒙森
B. 爱尔斯沃斯
C. 诺比尔

352. 第一架飞机首次抵达北极点是什么时候？

A. 1937年
B. 1926年
C. 1958年

353. 第一个横穿南极的中国人是谁？

A. 秦大河
B. 秦大江
C. 任树人

354. 秦大河是什么时候出发去南极点的？

A. 1989年5月
B. 1989年12月12日
C. 1989年7月28日

355. 下列哪个不是南极行进中的障碍？

A. 野兽横行
B. 暴风雪
C. 崎岖的地形

356. 秦大河到达南极点是什么时候？

A. 1989年7月28日
B. 1989年5月
C. 1989年12月12日

357. 奥伦斯什么时候出发去北极的？

A. 1990年
B. 1989年5月
C. 1994年3月2日

358. 奥伦斯用什么对付北极熊？

A. 火把
B. 手榴弹和报警器
C. 声讯系统

359. 奥伦斯用的燃料是哪一种？

A. 天然气
B. 汽油
C. 庚烯

360. 什么让奥伦斯省去了迷路的麻烦？

A. 地球定位系统接收器
B. 无线电发射器
C. 有声通话系统

361. 爱斯基摩人自称什么？

A. 吃生肉的人
B. 因纽特人
C. 亚洲人

362. 爱斯基摩人是什么民族？

A. 东部亚洲民族
B. 美洲印第安人
C. 毛利人

363. 爱斯基摩人在北极生活了多久？

A. 400 多年
B. 4000 多年
C. 40 多年

364. 爱斯基摩人更接近什么种群？

A. 因纽特人
B. 蒙古人
C. 西藏人

365. 爱斯基摩人一般都在哪里驻扎？

A. 北极陆地
B. 海岸边
C. 冰面上

366. 爱斯基摩人多以什么为食？

A. 北极植物
B. 海洋小鱼类
C. 哺乳动物

367. 爱斯基摩人捕猎得到的油脂有什么用途？

A. 直接食用
B. 丢弃
C. 照明或烹饪

368. 爱斯基摩人夏天住在哪里？

A. 兽皮帐篷
B. 雪屋
C. 石屋

369. 朗伊尔城在北纬多少度?

A. 15度33分

B. 87度31分

C. 78度13分

370. 朗伊尔城的极夜是什么时候?

A. 11月~次年1月

B. 1月~3月

C. 3月~5月

371. 朗伊尔城属于什么气候区?

A. 亚寒带针叶林气候

B. 极地冰原气候

C. 温带海洋性气候

372. 下列哪个不是朗伊尔城彩色房子的原因?

A. 改善单调

B. 预防雪盲症

C. 当地人都是色盲

373. 第一个只身到达北极点的人是哪个国家的?

A. 美国

B. 中国

C. 日本

374. 植村直己什么时候出发到北极点?

A. 1978年3月6日

B. 1984年2月12日

C. 1978年4月29日

375. 植村直己从哪里出发穿越北冰洋?

A. 温哥华

B. 哥伦比亚角海岸

C. 阿雷尔特基地

376. 植村直己的探险历时多久?

A. 1个月

B. 55天

C. 5个月

377. 极地探险头部需怎样保暖?

A. 带拉链的兜帽

B. 普通帽子即可

C. 戴头巾

378. 极地衣物的外套为什么要透气?

A. 因为太热了需要冷空气

B. 因为要吸收外界水汽

C. 因为需散发水汽

379. 极地外衣多选用什么材料？

A. 皮革制品

B. 棉织品

C. 丝绸制品

380. 毛料衣物有什么优点？

A. 吸水性好

B. 散热性强

C. 保暖性好

381. 体温过低是一种什么现象？

A. 人的体温接近冰点

B. 人的体温正常波动

C. 人的体温降到正常值以下

382. 造成人体冻伤的临界点温度是多少？

A. 零摄氏度

B. 零下 1 摄氏度

C. 零下 10 摄氏度

383. 雪盲的实质是什么？

A. 瞎眼

B. 视力短暂消失

C. 除了雪都能看见

384. 怎样治雪盲？

A. 到黑暗中蒙眼、冰敷

B. 闭眼休息一会儿就好了

C. 束手无策

385. 第一个发现地磁北极位置的詹姆斯·克拉克·罗斯是哪国人？

A. 美国人

B. 英国人

C. 俄罗斯人

386. 罗斯什么时候到达北极？

A. 1830 年

B. 1800 年

C. 1839 年

387. 1831 年，罗斯在北极发现了什么？

A. 地磁北极

B. 罗斯冰障

C. 罗斯海

388. 罗斯在南纬 72 度发现并命名的是什么？

A. 布西亚湾

B. 罗斯海

C. 埃尔伯斯火山

389. 沙克尔顿第一次南极探险是在什么时候？

A.1901 年
B.1908 年
C.1914 年

390. 沙克尔顿第一次失败是因为什么？

A.选错交通工具
B.经验不足，出现坏血病症状
C.冰川阻困

391. 沙克尔顿第二次南极探险为什么失败？

A.选错交通工具
B.经验不足，出现坏血病症状
C.冰川阻困

392. 沙克尔顿的可贵之处在哪里？

A.从来都是经验丰富
B.能果断放弃队友和船只
C.对队友生命的珍视

393. 南极点的冰雪移动速度是多少？

A.每年 10 米左右
B.每年 2 米左右
C.每年 100 米左右

394. 为了共同保护并利用南极，各国共同签署了什么？

A.《友好发展条约》
B.《联合条约》
C.《南极条约》

395. 目前什么人去南极较多？

A.爱斯基摩人
B.南极人
C.科考队和捕鲸队

396. 南极发展旅游业了吗？

A.没有
B.有
C.不确定

Mr. Know All
互动问答**答案**

001	002	003	004	005	006	007	008	009	010	011	012	013	014	015	016
C	B	C	A	B	C	B	A	C	A	A	A	B	A	A	A
017	018	019	020	021	022	023	024	025	026	027	028	029	030	031	032
B	A	B	A	A	C	B	B	A	B	C	A	B	A	C	B
033	034	035	036	037	038	039	040	041	042	043	044	045	046	047	048
A	A	B	A	C	A	B	A	A	C	A	C	A	B	C	A
049	050	051	052	053	054	055	056	057	058	059	060	061	062	063	064
B	A	C	C	A	A	B	C	B	B	A	B	C	B	A	A
065	066	067	068	069	070	071	072	073	074	075	076	077	078	079	080
C	C	A	A	A	C	C	A	A	B	C	C	A	C	B	B
081	082	083	084	085	086	087	088	089	090	091	092	093	094	095	096
B	A	C	C	B	B	C	B	C	A	B	A	B	A	C	C
097	098	099	100	101	102	103	104	105	106	107	108	109	110	111	112
A	A	C	B	C	A	C	A	B	B	A	A	A	C	A	C
113	114	115	116	117	118	119	120	121	122	123	124	125	126	127	128
A	C	A	C	C	A	A	C	A	B	A	C	C	C	B	A
129	130	131	132	133	134	135	136	137	138	139	140	141	142	143	144
B	C	C	A	A	A	C	B	A	B	C	A	A	C	C	B
145	146	147	148	149	150	151	152	153	154	155	156	157	158	159	160
B	C	A	C	B	C	A	C	A	B	C	A	B	C	C	B
161	162	163	164	165	166	167	168	169	170	171	172	173	174	175	176
B	C	A	C	A	C	A	C	A	C	C	B	C	B	C	A
177	178	179	180	181	182	183	184	185	186	187	188	189	190	191	192
C	A	C	B	A	A	B	C	B	C	A	A	C	A	B	B
193	194	195	196	197	198	199	200	201	202	203	204	205	206	207	208
B	C	B	B	B	A	B	C	B	B	C	B	C	B	B	A
209	210	211	212	213	214	215	216	217	218	219	220	221	222	223	224
B	A	A	C	B	A	A	C	C	A	C	B	C	A	C	C
225	226	227	228	229	230	231	232	233	234	235	236	237	238	239	240
C	C	A	A	A	A	B	C	C	B	A	C	A	B	A	B
241	242	243	244	245	246	247	248	249	250	251	252	253	254	255	256
B	C	A	A	C	A	A	C	B	A	B	A	B	A	C	A
257	258	259	260	261	262	263	264	265	266	267	268	269	270	271	272
A	C	B	A	B	C	B	A	C	A	A	A	B	C	C	C
273	274	275	276	277	278	279	280	281	282	283	284	285	286	287	288
A	A	C	C	B	B	C	A	A	B	A	C	A	C	A	B
289	290	291	292	293	294	295	296	297	298	299	300	301	302	303	304
B	C	B	C	A	C	B	C	A	C	B	A	C	A	B	C
305	306	307	308	309	310	311	312	313	314	315	316	317	318	319	320
C	C	A	B	B	C	B	B	B	C	A	B	C	A	B	C
321	322	323	324	325	326	327	328	329	330	331	332	333	334	335	336
A	A	B	C	A	C	A	B	B	C	A	B	C	A	C	B
337	338	339	340	341	342	343	344	345	346	347	348	349	350	351	352
B	C	A	A	C	A	C	B	B	A	C	B	B	A	C	A
353	354	355	356	357	358	359	360	361	362	363	364	365	366	367	368
A	C	A	C	C	B	A	C	A	B	A	C	B	C	C	A
369	370	371	372	373	374	375	376	377	378	379	380	381	382	383	384
C	A	B	C	B	A	C	B	A	C	B	A	C	C	B	A
385	386	387	388	389	390	391	392	393	394	395	396				
B	A	A	B	A	B	A	C	A	C	C	B				

Mr. Know All

从这里,发现更宽广的世界……

Mr. Know All
—— 小书虫读科学 ——